国家重点研发计划项目：葡萄及瓜类化肥农药减施技术集成研究与示范资助
财政部和农业农村部：国家现代农业产业技术体系资助

西甜瓜化肥农药减施增效新技术新模式

■ 赵廷昌　等 / 编著

中国农业科学技术出版社

图书在版编目（CIP）数据

西甜瓜化肥农药减施增效新技术新模式 / 赵廷昌等编著. -- 北京：中国农业科学技术出版社，2021. 4

ISBN 978-7-5116-5378-9

Ⅰ. ①西…　Ⅱ. ①赵…　Ⅲ. ①西瓜-合理施肥②甜瓜-合理施肥　Ⅳ. ①S65

中国版本图书馆 CIP 数据核字（2021）第 125787 号

责任编辑　姚　欢
责任校对　李向荣
责任印制　姜义伟　王思文

出 版 者　中国农业科学技术出版社
北京市中关村南大街 12 号　邮编：100081
电　　话　（010）82106631（编辑室）（010）82109702（发行部）
（010）82109709（读者服务部）
传　　真　（010）82106650
网　　址　http://www.castp.cn
经 销 者　各地新华书店
印 刷 者　北京建宏印刷有限公司
开　　本　185 mm×260 mm　1/16
印　　张　12. 5
字　　数　300 千字
版　　次　2021 年 4 月第 1 版　2021 年 4 月第 1 次印刷
定　　价　68. 00 元

《西甜瓜化肥农药减施增效新技术新模式》编著委员会

前　言

西甜瓜是重要的经济作物，在世界水果生产和消费中具有重要的地位。我国西甜瓜种植栽培历史悠久，是世界重要的西甜瓜种植国和消费国，改革开放以来，我国西甜瓜产业发展迅速，面积、产量均位居全球第一。西甜瓜产品作为我国“菜篮子”的组成部分，经过多年的发展，呈现出种植范围广泛、品种日益丰富、栽培模式多样、优势区域集中和市场体系优化的产业良性发展格局。与此同时，目前我国西甜瓜生产中也存在一些问题，如化肥农药过量和盲目施用、专用技术/产品相对缺乏、关键技术研究集成不足、西甜瓜生产规模化程度不高、标准化管理水平不高等，这些问题直接造成了我国西甜瓜化肥农药利用率低等产业和技术问题，阻碍了产业的绿色高质高效发展。同时，个别地区不合理施用膨大剂、甜蜜素等药剂，出现空心和裂瓜等现象，也给西甜瓜产业发展造成一定影响。

针对产业中亟须解决的问题，国家成立了“葡萄及瓜类化肥农药减施技术集成研究与示范”项目组。项目组由中国农业科学院植物保护研究所牵头，主要开展了优势产区主要栽培模式下养分供求匹配关系与肥料合理施用、病虫害发生与全程防控、化肥农药减施增效潜力及其效应研究；重点筛选/研发适合西甜瓜生产的化肥农药按需使用、精准施用、高效利用和替代使用的技术或产品；集成/优化/配套精准施肥、水肥一体化、畜禽粪肥利用和秸秆/绿肥还田等替代化肥减肥增效技术以及农药精准施用、高效利用、绿色替代等减药增效技术；构建了不同区域与气候、土壤、栽培相匹配的化肥农药减施增效综合技术模式。

项目组将西甜瓜化肥农药减施增效部分的研究成果汇编成册，供广大农业科研工作者、农业技术推广人员以及西甜瓜种植户参考。本书稿由中国农业科学院植物保护研究所牵头，联合组织在西甜瓜养分综合管理、病虫害绿色防控、优质高效栽培研究及技术示范推广等方面有雄厚基础和系统积累的甘肃省农业科学院、浙江大学、吉林农业大学、中国农业科学院郑州果树研究所等 30 余家高校和科研院所共同编撰。书稿从新技术、新产品、技术规程以及区域集成模式多个层面来介绍项目组近年来的研究成果。本书稿共收录了西甜瓜化肥减施技术 13 项、化肥减施产品 3 个、化肥减施技术规程 10 项；西甜瓜农药减施技术 20 项、农药减施产品 4 个、农药减施技术规程 11 项；不同地域西甜瓜化肥农药减施增效集成模式 18 项。本书旨在明确不同区域减肥减药潜力的基础上，为我国不同西甜瓜产区的瓜农提供匹配的化肥农药减量关键技术、产品和高效施用器械或装备，优化提升目前生产中已有技术，创新构建区域西甜瓜化肥农药减施增效综合技术模式，为实现我国西甜瓜化肥农药科学合理使用及生态安全奠定坚实基础，为西甜瓜产业的绿色、可持续发展提供强有力的技术支撑和保障。

编著者

2021 年 4 月

目　　录

第一篇

西甜瓜化肥减施
新技术、新产品和技术规程

西甜瓜化肥减施新技术

1　西瓜氮素营养诊断与推荐施肥技术

【技术简介】在我国西甜瓜生产中，普遍存在着过量施氮和施氮时期不明确的现象，这不仅增加生产成本，而且造成西甜瓜品质下降，同时由于肥料利用效率低还引起环境污染等一系列问题。西甜瓜平衡施肥技术，对推动我国西甜瓜生产起到了积极作用，但平衡施肥技术由于缺乏与西甜瓜生长状况匹配的矿质营养实时实地快捷、无损伤诊断技术，难以对西甜瓜营养与生长情况进行有效监测，从而带来施肥上的盲目性。因此，实时快速地监测田间西甜瓜的氮素营养状况，进而根据氮素丰缺状况来指导田间西甜瓜实地追施氮肥，对于提高氮肥利用效率和西甜瓜的产量与品质意义重大。

本技术利用便携式 SPAD 仪测定西瓜关键生育时期（团棵期、开花坐果期、膨果期）不同叶位及叶片位置的 *SPAD* 值，与 *SPAD* 施肥阈值相比较，当测定 *SPAD* 值低于 *SPAD* 阈值时，则通过氮肥推荐施肥模型进行指导施肥，否则不施肥。田间试验结果表明，氮素诊断推荐施肥较传统施肥相比，西瓜产量增加 2.68%，中心、边缘可溶性固形物含量分别提高 1.50%和 1.47%，氮素总积累量增加 3.94%，氮肥施用量减少 15.29%，氮肥利用率提高 5.08%。

【技术操作关键要点】西瓜品种为金城 5 号。

西瓜播种或定植前基施有机肥，可少施或不施氮肥。

在西瓜团棵期（4 片真叶），选择晴朗无云天气，在上午 10:00—12:00 用 SPAD-502 测定顶一叶的叶尖部位的 *SPAD* 值，测定植株为 15~20 株，测定时西瓜叶片用去离子水洗净，棉布拭干，然后用 SPAD-502 测定 *SPAD* 值，取所有测定值的平均值与施肥阈值（50.1）比较，如测定值大于或等于施肥阈值，则不施氮肥；如测定值小于施肥阈值，则按以下模型进行指导施肥。

在西瓜开花坐果期（第一雌花开放），利用 SPAD-502 测定顶三叶叶中部位的 *SPAD* 值，测定植株为 15~20 株，取所有测定值的平均值与施肥阈值（62.4）比较，如测定值大于或等于施肥阈值，则不施氮肥；如测定值小于施肥阈值，则按以下模型进行指导施肥。

在西瓜膨果期（西瓜鸡蛋大小时），利用 SPAD-502 测定功能叶叶中部位的 *SPAD* 值，测定植株为 15~20 株，取所有测定值的平均值与施肥阈值（66.2）比较，如测定值大于或等于施肥阈值，则不施氮肥；如测定值小于施肥阈值，则按以下模型进行指导施肥。

西瓜氮素营养诊断推荐施肥模型

生育期	*a*	*b*	氮肥推荐模型	*SPAD* 值每变动 1 单位施氮量（kg/hm^2）
团棵期	0.031 3	47.59	Dd=1 757.93-$SPAD$/0.031 3	31.95
坐果期	0.032 3	57.82	Dd=2 027.57-$SPAD$/0.032 3	30.96
膨果期	0.019 8	61.31	Dd=3 333.94-$SPAD$/0.019 8	50.51

$$N_d = (SPRD_1 - SPAD_0) \times N_{SPAD}$$

式中，N_d为各生育阶段追氮量，$SPRD_1$为 $SPAD$ 阈值，$SPRD_0$为 $SPAD$ 实测值，N_{SPAD}为各生育期 $SPAD$ 值变动 1 个单位的施氮量。

【注意事项】①西瓜不同生育时期测定叶位的选择是从主蔓第一片完成展开叶算起；②由于不同西瓜品种和不同型号仪器所测定的 *SPAD* 值有误差，因此，本技术适用的西瓜品种为金城 5 号，测定仪器为 SPAD-502；③不同时期选取的测试植株应具有代表性，且样品数不能少于 15 株。

【适宜地区】甘肃、新疆绿洲灌区。

【技术依托单位、联系方式】

依托单位：甘肃省农业科学院

联系方式：杜少平　13893482056　E-mail：dushaoping2007@163.com

2　西瓜有机无机复合肥一次性施用减肥增效技术

【**技术简介**】针对当前农户不合理施肥、化肥利用率较低等问题。严重制约设施西瓜的产量和品质，同时肥料浪费严重，污染环境。通过西瓜有机无机专用复合肥配方研发，在减少肥料用量的同时，显著提高西瓜的产量和品质，改善土壤供肥能力，实现优质高产高效。

该技术在舒城县农业科学研究所开展 50 亩试验示范。较农民习惯产量分别增加 12.1%，可溶性固形物含量增长 19.12%。同时针对处理土壤进行检测，在相同的土层深度，施用有机无机复合肥可对土壤进行改良，一方面提高土壤有机质含量，另一方面降低土壤容重，从而使土壤中微生物更活跃，保持土壤呈现疏松多孔的状态，使其透气性好，可有效抑制土壤板结。相对于农民习惯，施用有机无机复合肥均可以提高肥料利用率 11.8%。

【**技术操作关键要点**】3kg 腐植酸、1.5kg 辅助剂混合均匀得到芯料；氮磷钾复合无机肥中 $N-P_2O_5-K_2O=30:13:7$；辅助剂聚乙二醇和羧甲基纤维素钠按质量比为 2：1。西瓜定植前，在定植穴下方 10~15cm 埋入所述西瓜用有机无机复合基肥，施用量为 20~50g/穴。

【**适宜地区**】在江淮地区及相似气候条件的西瓜生产基地。

【**技术依托单位、联系方式**】

依托单位：安徽省农业科学院土壤肥料研究所

联系方式：0551-65149720　15155155551

3 厌氧土壤灭菌防控土传病害及改良土壤技术

【技术简介】设施集约化连续种植为病原菌的生长繁殖提供了有利的生存条件，一般3~5年后常常会导致土壤病原菌大量增加，盲目过量施肥引起养分失调、硝酸根的大量累积，造成土传病害加重及土壤生态环境质量退化等一系列连作障碍问题，严重影响作物的产量和品质。化学熏蒸剂灭菌是最常用的控制土传病虫害的方法，也取得了良好的效果，但随着人们对化学土壤熏蒸剂带来的环境和健康问题的关注，亟须有效绿色环保的土壤灭菌方法替代化学灭菌的方法。其中以物理方法与化学方法结合创造厌氧环境进行土壤灭菌尤为人们关注，这种土壤厌氧灭菌方法，能有效改善土壤微生物群落结构，可以杀死土传细菌和真菌类病原微生物，对根结线虫也有防治效果，同时增加土壤有机质，改良土壤性质，成本相对较低，减肥减药应用取得了良好的效果。与未添加鸡粪和秸秆仅灌水相比，作物发病率降低20%~40%。厌氧土壤灭菌融合了有机肥/秸秆替代化肥及防控土传病害，改善了土壤性质，减肥减药技术示范区比常规化学农药投入减少40%，减少农药投入400元/亩，同时西甜瓜增产3%~10%，产量增收410~1 000元/亩，总经济效益增加800~1 400元/亩。

【技术操作关键要点】设施棚室休闲期清除上季作物，然后土壤施用生鸡粪2 000~3 000kg/亩，芥菜秸秆1 000~2 250kg/亩，翻耕土壤25~30cm，使添加物与土壤混匀。

地面覆盖塑料膜，然后膜下灌水使土壤30~35cm土层达到饱和含水量，封闭膜口，隔绝土壤与大气的空气交换，再封闭棚膜。

当外界环境温度高于25℃以上，封闭棚膜后棚内的温度60℃以上不低于7d，15cm深土层的温度为30~50℃时，维持上述厌氧环境3~4周。当环境温度和土壤温度达不到上述指标时，需延长厌氧环境至6~7周。

厌氧灭菌后，揭开棚膜和地膜覆盖，土壤墒情达到适耕含水量时，按正常整地进行农事操作，土壤不需要再施用有机肥。

【注意事项】厌氧灭菌的主要原理是易分解的有机物质为微生物生长繁殖提供碳源并快速消耗土壤氧气，厌氧微生物则在低氧条件下继续分解有机物质在短时间内创造强烈的土壤厌氧状况，厌氧环境可致死好氧病原菌，达到杀灭土传病原菌的目的；其他可能的机理还包括在厌氧环境下有机物料分解可能产生有毒有害物质如氨、有机酸、醇类及挥发性物质等可杀灭病原菌，此外，微生物群落结构发生了变化，厌氧环境下可能产生的一些厌氧菌如杆菌等可以对抗病原菌。本技术施加有机物为鸡粪和芥菜秸秆，鸡粪C/N小易分解，且在分解过程中耗氧快也更容易形成厌氧条件，其次，鸡粪C/N小含氮量高，在厌氧条件下分解会产生更多量氨气，氨气为有毒气体也会杀灭病原菌，此外，芥菜秸秆含有的大量硫在厌氧条件下产生H_2S及氰化物对病原菌有致死效果，因此厌氧灭菌效果显著。

实施需注意以下事项：①厌氧灭菌施加的鸡粪须为未腐熟的生鸡粪，有足够促进微生物生长繁殖的不稳定碳源，不稳定碳源的添加会促进微生物的呼吸作用及生长繁殖，并且随着氧气含量的减少以及土壤氧化还原电位的降低，厌氧强度逐渐增强。而腐熟有机肥已经过分解，易分解物质减少，达不到厌氧效果且可能发生养分损失；②灌水量要充足，事先需测定土壤饱和含水量，计算灌水量，确保使土壤 30~35cm 土层达到饱和含水量，通过灌水填充土壤孔隙，覆盖塑料膜要密封，以达到厌氧环境条件；③当外界环境低时需适当延长厌氧灭菌时间，一方面保证灭菌效果，另一方面使添加物料充分腐熟，以防未腐熟影响夏季作物生长。

【适宜地区】已在陕西杨凌示范区，渭南市蒲城县、西安市阎良区等示范推广，亦适用于其他地区，也可借鉴原理因地制宜就地取材选择其他有机添加物料。

【技术依托单位、联系方式】

依托单位：西北农林科技大学资源环境学院

联系方式：陈竹君　E-mail：zjchen@ nwsuaf. edu. cn

4 起垄高畦栽培化肥农药减施增效技术

【技术简介】据调查，内蒙古西甜瓜化肥使用量差异比较大，其中巴彦淖尔市化肥使用量最大，为80.0~210.0kg/亩，N使用量17.9~34.0kg/亩，生产中田间整地后，施肥和覆地膜同时进行，西甜瓜整个生长期不追肥，俗称“一炮轰”。施肥和覆地膜后，通过大量浇灌黄河水排盐碱，田间有水一般持续15~30d，大量氮肥随水径流，导致化肥养分利用率降低，使用量大。内蒙古西甜瓜农药使用量平均为386.4 g/亩，其中巴彦淖尔市使用量最大，为570.4g/亩，仅杀菌剂使用量高达502.3g/亩，播种前大量浇灌黄河水，地下水位高，西甜瓜生长期浇水后，植株间湿度大，果斑病、霜霉病等病害发生严重，导致杀菌剂使用量大。本研究通过起垄高畦栽培化肥农药减施增效技术，提高了氮肥养分利用率、降低了植株间湿度，化肥减施41.1%，农药减施46.7%，解决了巴彦淖尔市化肥农药使用大的问题。

【起垄高畦栽培对化肥流失的影响】起垄高畦栽培底肥施用磷酸二铵+尿素+硫酸钾（化肥减量20.2%）处理土壤中的硝态氮含量最高，土层深度0~20cm、20~40cm、40~60cm的硝态氮含量分别高达68.90mg/kg、182.33mg/kg、145.00mg/kg；起垄底肥施用磷酸二铵+硫酸钾（化肥减量31.3%）处理土壤中的硝态氮含量次之，土层深度0~20cm、20~40cm、40~60cm的硝态氮含量分别为45.33mg/kg、90.70mg/kg、41.83mg/kg；而平畦底肥磷酸二铵+尿素+硫酸钾常规用量处理，土层深度0~20cm、20~40cm、40~60cm的硝态氮含量分别仅为19.72mg/kg、4.49mg/kg、4.15mg/kg，显著低于起垄栽培处理，由此说明起垄高畦能够显著减少氮肥随浇灌黄河水流失，提高了氮肥利用率（表1至表3）。

表1 浇灌黄河水后0~20cm土层土样养分含量分析

处理	化肥减量（%）	pH值	EC（uS/cm）	有机质（g/kg）	全氮（g/kg）	硝态氮（mg/kg）	铵态氮（mg/kg）	有效磷（mg/kg）	速效钾（mg/kg）
起垄 碳酸氢铵+过磷酸钙+硫酸钾	31.3	8.61	179.67	9.72	0.47	23.30	2.73	27.77	141.67
起垄 磷酸二铵+硫酸钾	31.3	8.35	209.33	9.58	0.51	45.33	5.05	78.90	117.00
起垄 磷酸二铵+尿素+硫酸钾	20.2	8.36	219.67	9.59	0.50	68.90	2.20	35.53	90.33
平畦施肥 磷酸二铵+尿素+硫酸钾	—	8.62	169.33	10.97	0.58	19.72	3.19	29.53	159.67
起垄 空白对照	100.0	8.55	178.67	8.72	0.48	9.24	3.05	36.57	107.37

表 2　浇灌黄河水后 20~40cm 土层土样养分含量分析

处理	化肥减量（%）	pH 值	EC（uS/cm）	硝态氮（mg/kg）	铵态氮（mg/kg）	有效磷（mg/kg）	速效钾（mg/kg）
起垄 碳酸氢铵+过磷酸钙+硫酸钾	31. 3	8. 58	203. 33	39. 23	2. 85	24. 67	132. 67
起垄 磷酸二铵+硫酸钾	31. 3	8. 20	271. 33	90. 70	3. 07	45. 70	182. 33
起垄 磷酸二铵+尿素+硫酸钾	20. 2	7. 79	445. 33	182. 33	2. 81	91. 40	117. 40
平畦施肥 磷酸二铵+尿素+硫酸钾	—	8. 67	157. 33	4. 49	2. 97	17. 27	99. 80
起垄 空白对照	100. 0	162. 33	9. 17	3. 44	15. 10	107. 33	

表 3　浇灌黄河水后 40~60cm 土层土样养分含量分析

处理	化肥减量（%）	pH 值	EC（uS/cm）	硝态氮（mg/kg）	铵态氮（mg/kg）	有效磷（mg/kg）	速效钾（mg/kg）
起垄 碳酸氢铵+过磷酸钙+硫酸钾	31. 3	8. 68	171. 00	13. 46	2. 87	10. 38	125. 67
起垄 磷酸二铵+硫酸钾	31. 3	8. 46	196. 00	41. 83	2. 84	19. 60	115. 00
起垄 磷酸二铵+尿素+硫酸钾	20. 2	7. 98	333. 67	145. 00	3. 14	43. 17	107. 00
平畦施肥 磷酸二铵+尿素+硫酸钾	—	8. 64	172. 67	4. 15	3. 00	8. 52	106. 57
起垄 空白对照	100. 0	8. 63	169. 33	5. 63	3. 23	14. 97	109. 33

【起垄高畦提高化肥养分利用率分析】起垄高畦栽培处理的硝态氮含量高，减少了氮肥随水流失，提高了氮肥养分利用率，起垄底肥施用磷酸二铵+硫酸钾（化肥减量 31. 3%）、起垄底肥施用碳酸氢铵+过磷酸钙+硫酸钾（化肥减量 31. 3%）、起垄底肥施用磷酸二铵+尿素+硫酸钾（化肥减量 20. 2%）处理养分利用率分别为 18. 60%、16. 33%、15. 56%，比常规对照平畦施肥磷酸二铵+尿素+硫酸钾的利用率提高 57. 49%、38. 27%、31. 75%（表 4）。

表 4　不同栽培方式对化肥利用率的影响

处理	养分携出量（kg/hm^2）			化肥施用量（kg/hm^2）			养分利用率（%）			
	N	P_2O_5	K_2O	N	P_2O_5	K_2O	N	提高比例（%）	P_2O_5	K_2O
起垄 碳酸氢铵+过磷酸钙+硫酸钾	130.91	54.55	237.90	159.75	276.00	75.00	16.33	38.27	8.42	32.63
起垄 磷酸二铵+硫酸钾	149.12	62.13	270.99	159.75	276.00	75.00	18.60	57.49	9.59	37.17
起垄 磷酸二铵+尿素+硫酸钾	134.36	55.98	244.17	221.25	345.00	37.50	15.56	31.75	7.81	35.31
平畦施肥 磷酸二铵+尿素+硫酸钾	111.41	46.42	202.46	301.50	345.00	45.00	11.81	—	6.47	28.96
起垄 空白对照	101.17	42.15	183.86	0	0	0	—	—	—	—

【起垄高畦栽培对病害发生及用药量的影响】2020 年示范区厚皮甜瓜整个生育期，降水量较少，病害为害较轻，果实膨大期示范区零星发生白粉病，成熟期零星发生霜霉病。平畦栽培（空白对照）白粉病病情指数高达 23.67，显著高于其他处理；平畦栽培处理在果实膨大期喷施 25%吡唑醚菌酯悬浮剂 30g/亩防控白粉病，用药 7d 后，仍有白粉病的发生，连续用药 2 次后，防效达到 92.2%；起垄高畦栽培处理在果实膨大期喷施 1 次 25%吡唑醚菌酯悬浮剂 30g/亩防控白粉病后，防效在 93.8%以上（表 5）。

表 5　起垄高畦栽培对病害及用药的影响

处理	病害种类	病情指数	防效（%）	用药种类及次数	用药量（g/亩）	农药减量（%）
起垄 碳酸氢铵+过磷酸钙+硫酸钾	霜霉病 白粉病	0.30c 1.48b	97.5a 93.8ab	80%烯酰吗啉水分散粒剂 1 次 25%吡唑醚菌酯悬浮剂 1 次	25 30	57.7
起垄 磷酸二铵+硫酸钾	霜霉病 白粉病	0.15c 1.07b	98.7a 95.6a	80%烯酰吗啉水分散粒剂 1 次 25%吡唑醚菌酯悬浮剂 1 次	25 30	57.7
起垄 磷酸二铵+尿素+硫酸钾	霜霉病 白粉病	0.18c 1.45b	98.5a 93.9ab	80%烯酰吗啉水分散粒剂 1 次 25%吡唑醚菌酯悬浮剂 1 次	25 30	57.7
平畦 磷酸二铵+尿素+硫酸钾	霜霉病 白粉病	1.16b 1.84b	90.4b 92.2b	80%烯酰吗啉水分散粒剂 1 次；80%烯酰吗啉水分散粒剂+50%氯溴异氰尿酸可湿性粉剂 1 次 25%吡唑醚菌酯悬浮剂 2 次	25+ 25+20 30+30	—
空白对照 （平畦磷酸二铵+尿素+硫酸钾）	霜霉病 白粉病	11.91a 23.67a	— —	— —		—

注：霜霉病和白粉病各自列数字后带有不同字母表示在 5%水平上差异显著。

平畦栽培（空白对照）霜霉病病情指数高达 11.91，显著高于其他处理；平畦栽培处理在成熟期，霜霉病发生初期，第 1 次喷施 80%烯酰吗啉水分散粒剂 25g/亩后，仍有霜霉病发生，第 2 次喷施 80%烯酰吗啉水分散粒剂 25g/亩+50%氯溴异氰尿酸可湿性粉剂 20g/亩后，防效达到 90.4%；起垄高畦栽培处理在成熟期喷施 1 次 80%烯酰吗啉水分散粒剂 25g/亩后，对霜霉病的防效达 97.5%以上。平畦栽培处理厚皮甜瓜整个生育期共施药 4 次，用药量为 130g/亩，起垄高畦栽培处理共施药 2 次，用药量为 55g/亩，减药幅度达到 57.7%。

【示范推广情况】 2018—2020 年起垄高畦栽培化肥农药减施增效技术，在磴口县推广应用面积为 7.7 万亩，亩新增经济效益 1 027.9 元，经济效益显著；该技术既可提高化肥养分利用率，减少化肥使用量，又可减轻病害为害，减少化学农药使用量，节约了生产成本，保护了农业生态环境，一举多得，化肥减施 41.1%，农药减施 46.7%，社会生态效益显著。

【技术操作关键要点】 起垄高畦栽培化肥农药减施增效技术：田间整地后利用机械进行起垄，如下图所示，沟深 35cm，上宽 60cm，下宽 30cm，高畦中点至高畦中点 2.9m。开沟时进行施用底肥，后进行覆膜，浇灌黄河水，待土壤松干后进行播种。

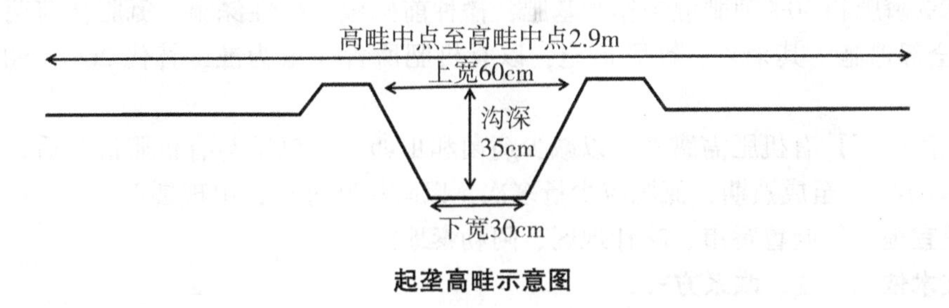

起垄高畦示意图

【注意事项】 实际生产中沟和畦的宽度，可根据种植品种所需的播种密度进行调整；播种较早的地区，可结合搭架小拱棚，可显著提高地温，防止倒春寒。

【适宜地区】 可广泛应用于河套地区耕作层上层为砂性土壤、下层为黏性土壤的地区。

【技术依托单位、联系方式】

依托单位：中国农业科学院植物保护研究所
联系方式：赵廷昌　18515217867

依托单位：吉林农业大学
联系方式：白庆荣　18686626708

依托单位：西北农林科技大学
联系方式：陈竹君　13772119966

依托单位：巴彦淖尔市植保植检站
联系方式：刘宝玉　13296992209

5　甜瓜有机肥替代无机肥施用技术

【技术简介】有机肥是中国农业生产中的重要肥料，合理利用有机肥资源、有机肥替代部分化肥，是实现中国化肥零增长目标的重要途径之一。但有机肥在施用上存在肥效慢、养分含量低、施用量大费劳力及增产效果差等缺点，而化肥虽有养分高、增产快、用量少等特点，但近年来，在甜瓜种植中，为追求产量，普遍存在氮肥施用量过高，有机肥投入偏少或基本不施用等现象，导致养分利用率提高困难，同时造成有机肥资源浪费和环境污染。新疆有机肥资源丰富，生产中甜瓜化肥施用量高，开展有机肥替代化肥对新疆地区甜瓜合理利用有机肥资源、减量施用化肥、实现甜瓜优质稳产高产和提高养分利用效率具有重要意义。

目前，该技术在吐鲁番市、喀什地区、阿勒泰地区等甜瓜主产区进行示范推广，并进行了大面积应用，推荐有机肥替代20%~50%无机肥氮，采用有机无机肥机械施肥机可降低100~150元/亩劳动成本，在项目示范区实现化学肥料利用率平均提高16.4%、增产2.8%。

【技术操作关键要点】肥料种类：氮磷钾无机肥和羊粪有机肥，其中有机肥、60%~80%磷肥和50%钾肥混匀作为基肥，播种前机械一次性深施，氮肥从苗期开始分5~6次全部追施，其余磷、钾肥追施，以有机肥所含纯氮为准，替代20%~50%无机肥氮。

【注意事项】有机肥需腐熟，以减少病菌和虫卵，无机肥与有机肥混匀后，机械深施，果实膨大期至成熟期，氮肥应少量多次，以防氮肥过量，出现裂瓜。

【适宜地区】吐鲁番市、喀什地区、阿勒泰地区。

【技术依托单位、联系方式】

依托单位：新疆农业科学院哈密瓜研究中心

联系方式：胡国智　13009611511

6　大棚西瓜专用配方肥及其配套施用技术

【技术简介】针对农户习惯过量施肥，偏施化肥尤其是氮肥的现状，依据土壤肥力和作物需肥规律，开展科学施肥方法研究，筛选出具有减少化肥用量、提高西瓜品质、提升肥料利用率和绿色生态等大棚西瓜化肥减施增效施用方法，对解决了当前“两减两提”，即减少化肥用量、减少农药用量，提升化肥利用率具有重要意义。

该技术在舒城县桃溪现代农业综合开发示范区、肥西绿溪洲现代生态农业示范园开展100亩试验示范。优化施肥模式较习惯种植西瓜产量平均增加3.16%；平均氮磷钾纯量减少12.6kg/亩、化肥减量施用率达到25.3%、化肥利用率提高5.93%。

【技术操作关键要点】根据示范区土壤养分分析结果结合西瓜需肥规律，研发西瓜专用配方肥比例，基肥配方为$N-P_2O_5-K_2O=18-7-30$，以及生物有机肥300kg/亩混合施用，追肥以水溶肥（23-7-25+TE）和（16-6-30+TE），追肥用量20kg/亩分2次施用，追肥时期，坐瓜期、膨瓜期，叶面追肥，开花期后叶面喷施钙镁硼肥2~3次。

【适宜地区】江淮地区及相似气候条件且具有完整水肥一体化设施的西瓜生产基地。

【技术依托单位、联系方式】

依托单位：安徽省农业科学院土壤肥料研究所

联系方式：0551-65149720；15155155551

7 设施栽培西瓜、甜瓜水肥一体化精准管理及智慧农业技术

【技术简介】 据调查，我国设施栽培西瓜、甜瓜面积占总栽培面积近60%，设施栽培条件下均配套有水肥一体化设备且设备不断完善。然而，为了追求更高的经济收益以及瓜农普遍缺乏水肥一体化条件下的科学水肥管理知识和资源环境保护意识，生产中普遍存在盲目过量施肥和灌水，依然采用传统的“一炮轰”和漫灌，基施化肥养分用量（$N+P_2O_5+K_2O$）占化肥（基肥+追肥）养分总量的比例达91.2%，灌溉量为推荐量的2~3倍，水肥一体化灌水频率和灌水量与漫灌、沟灌相近甚至高于传统量，没有实现水肥一体化施肥灌溉系统可以轻松按作物不同生育期养分、水分需求规律少量多次施肥和灌水，且只给根系灌溉和施肥，从而避免因挥发、淋洗造成的养分损失。针对生产中存在的突出问题、技术需求，结合智慧农业的快速发展，亟待制定设施栽培西瓜、甜瓜水肥一体化精准管理技术方案，促进产业持续绿色健康发展。

本技术在系统研究西瓜、甜瓜不同生育阶段养分、水分需求特征、土壤适宜含水量的基础上，充分发挥水肥一体化施肥灌溉系统优势，制定了西瓜、甜瓜不同生育期养分施用比例、数量、灌水定额、灌水周期，以及不同产量水平下施肥、灌溉定额等水肥一体化精准管理技术，技术在多点多地区推广应用，实现西瓜化肥氮、磷和钾施用总量较常规施肥减少46%、72%和57%，甜瓜化肥氮、磷和钾施用总量较常规施肥减少65%、84%和68%，产量提高20%~50%，且品质提高。

此外，瞄准现代农业技术前沿，对水肥一体化精准控制参数进行编程，提供控制系统（电脑部分）及远程服务器等，实现了基于智慧农业技术的西瓜、甜瓜水肥一体化精准自动灌溉技术。同时，该技术可以为智慧农业技术提供筛选的土壤水分传感器、配套精准控制系统参数如土壤类型、土壤田间持水量、不同生育时期适宜灌溉的土壤含水量自动控制上限与下限、灌溉湿润比、不同生育时期养分施用量等精准控制参数，使土壤水分始终保持在最适范围，实现自动灌溉或远程控制施肥灌溉。

【技术关键要点】 施肥总量控制：应坚持有机肥和无机肥配合施用原则。根据当地生产条件下目标产量和生产1 000kg西瓜、甜瓜需要氮磷钾的量以及土壤地力水平调整，计算养分需求量来确定总施肥量。

$$目标产量=当地平均产量\times 1.2$$

陕西设施栽培西瓜目标产量为4 500~5 500kg/亩，根据目标产量和多点肥料试验结果，推荐施肥量为在基肥施用腐熟有机肥2 000kg/亩的基础上，化肥合理推荐施用量为：N 8.0~9.5kg/亩、$P_2O_5$4.0~5.0kg/亩，K_2O 7.5.0~9.0kg/亩。甜瓜的目标产量为3 500kg/亩。根据目标产量和多点肥料试验结果，推荐施肥量为在基肥施用腐熟有机肥2 000kg/亩的基础上，化肥合理推荐施用量为N7.0~8.5kg/亩、$P_2O_5$3.5~4.5kg/亩，K_2O 6.0~7.5kg/亩。在水肥一体化条件下，基施化肥N养分用量应不超氮总量的15%，基肥P_2O_5用量应为磷总量的40%~50%，基施化肥K_2O用量不超钾总量的15%或不基施为宜，其余氮磷钾以水肥一体化在各生育期追肥（此推荐量为土壤中等肥力，如目标产量低及高肥力下酌情减少）。

依据西瓜和甜瓜各生育期养分吸收规律合理肥料运筹：西瓜、甜瓜不同生育期吸收

养分占比见下表。伸蔓期可分 1~2 次施用，果实膨大期分 3~4 次施用。一般采取清水—施肥—清水的步骤进行，施肥时间占灌溉时间的 1/2 左右为宜，每次施肥结束后用清水继续灌溉 10~15min 冲洗管道，避免肥料溶液发生反应堵塞滴孔。

西瓜各生育期对氮磷钾的吸收量

生育期	西瓜（吸收占比,%）			甜瓜（吸收占比,%）		
	N	P_2O_5	K_2O	N	P_2O_5	K_2O
苗期	0.2	0.1	0.1	0.2	0.3	0.1
伸蔓—开花坐果期	40.7	26.0	29.3	43.2	48.0	37.5
果实膨大—成熟期	59.1	71.5	70.7	56.6	51.7	59.3
成熟期—收获期	—	2.4	—	—	—	3.1

灌水：灌水器的选择要考虑瓜田土壤质地、灌水器间距。砂土可选用流量 2~4L/h、滴孔间距 0.3m，壤土选用流量 1.5~2.1L/h、滴孔间距 0.3~0.5m，黏土选用流量 1.0~1.5L/h、滴孔间距 0.4~0.5m。灌水定额应控制为 4~5m^3/次，实现少量多次灌溉，采用少量多次的方式，阶段累积灌水量和施肥量不应超过阶段灌溉定额和阶段肥料推荐数量。

设施栽培西瓜、甜瓜根系多分布在 10~30cm，灌溉计划湿润层在 30~35cm 为宜，湿润比 0.4~0.5。保持土壤相对含水量伸蔓期为 75%~85%、开花坐果期 75%~80%、果实膨大期 80%~90%、成熟期 70%~80%。在规模化经营园区，推荐使用 TDR（Time-domain-reflectometry，时域反射仪）或 FDR（Frequency Domain Reflectometry，频域反射仪）土壤水分原位监测采集水分信号，实现自动化控制灌水施肥。

灌水施肥制度：遵循肥随水走、少量多次、分阶段拟合的原则制订灌溉施肥制度，充分利用灌溉系统进行施肥，提高养分利用率。灌水施肥制度包括不同生育期的灌溉施肥次数、时间、灌水定额、施肥量等，大量元素水溶性肥料按照氮素施用量进行调控，根据施肥间隔时间确定氮素施用量，每次追施的氮素数量一般不超过 3kg N/亩。

【注意事项】施肥灌溉要因地制宜，根据土壤养分、土壤类型、质地、气候、生育期等科学制定和调整。

【适宜地区】原则适于所有地区，具体灌溉制度因地制宜，技术成熟已在陕西和山东多地多点示范推广。

【技术依托单位、联系方式】

依托单位：西北农林科技大学资源环境学院

联系方式：E-mail：zjchen@ nwsuaf. edu. cn

8 砂田西瓜水肥一体化技术

【技术简介】我国西北干旱半干旱砂田分布区，具有显著的大陆性气候特征，夏季炎热，冬季寒冷，日照充足，雨量稀少。砂覆盖虽能有效减少土壤蒸发，但受作物生育期降水量不足的限制，砂田作物产量很难进一步提高。砂石覆盖也加大了砂田的施肥难度，施肥困难一直是困扰砂田生产的主要障碍之一，适合砂田条件的便捷施肥技术是砂田可持续发展的主要技术内容。目前迅速发展的旱区引灌和集雨工程，为砂田补灌水源的解决提供了一条行之有效的途径。然而，由于砂田区水源紧缺，灌水次数有限，主要以西瓜伸蔓期和膨果期进行补灌为主，生产中瓜农为了提高产量，灌水量和施肥量普遍较高，施肥盲目，主要以氮肥为主，加之砂田西瓜为了防治连作障碍，普遍采用嫁接栽培，导致近年来砂田西瓜品质下降，水肥利用率偏低。

本技术由水肥耦合技术、西甜瓜稳定性复合肥、新型水溶肥等单项技术、产品集成，在甘肃靖远、宁夏中卫等地已进行了大面积示范，示范结果表明，较当地传统施肥西瓜增产 29%，可溶性固形物含量提高 1.7%，化肥减施 32%，氮肥利用率提高 10%以上。

【技术操作关键要点】砂田西瓜产量超过 $60t/hm^2$、果实平均可溶性固形物含量在 11%以上的水肥管理方案为：灌水量 $808 \sim 876m^3/hm^2$，施肥范围 N $220 \sim 250kg/hm^2$、P_2O_5 $145 \sim 160kg/hm^2$、K_2O $180 \sim 220kg/hm^2$。

西瓜定植前 7d 使用砂田施肥机械深施西甜瓜稳定性复合肥（$N-P_2O_5-K_2O=21-14-16$）60kg/亩，配合有机肥施用效果更佳。西瓜苗定植后，滴灌缓苗水，$0.3m^3$/亩。西瓜伸蔓期（主蔓长 0.6～0.8m）结合膜下滴灌施平衡型水溶肥（$N-P_2O_5-K_2O=20-20-20$）5～8kg/亩，灌水量为 $25 \sim 30m^3$/亩。西瓜膨果期结合膜下滴灌施高钾型水溶肥（$N-P_2O_5-K_2O=12-6-42$）5～8kg/亩，灌水量为 $30m^3$/亩。

【注意事项】①砂田西瓜品种为金城 5 号或其他大果型品种，栽培密度为 300～330 株/亩；②施基肥时预留 20cm 宽西瓜苗定植行，以免施肥不匀造成烧苗现象；③滴灌时也可选择其他养分配比的水溶肥，但要以伸蔓期选择平衡性水溶肥、膨果期选择高钾型水溶肥，且养分总量控制为原则。

【适宜地区】甘肃、宁夏砂田西瓜种植区域。

【技术依托单位、联系方式】

依托单位：甘肃省农业科学院

联系方式：杜少平　13893482056　E-mail：dushaoping2007@163.com

9　砂田西瓜化肥替代技术

【技术简介】 在砂田西瓜优化施肥方案的基础上，以砂田土壤有机培肥和硒砂瓜产业可持续发展为理念，通过适宜有机肥源和微生物菌剂的筛选、有机肥替代不同比例化肥养分对砂田西瓜生长、养分利用率及土壤质量的影响研究，确定出有机肥替代化肥的最佳比例，并集成了“砂田西瓜化肥替代技术”。本技术在甘肃皋兰、靖远及宁夏中卫等地的砂田西瓜种植区已得到了广泛的应用，试验示范效果表明，在无灌溉条件的旱砂田上，较当地常规施肥西瓜增产63%～92%，果实可溶性糖含量提高18%～27%，化肥减施50%，氮素利用率提高了16.5%～18.5%；在滴灌砂田上，较传统施肥西瓜增产29%～40%，可溶性固形物含量提高1.7%～2%，化肥减施32%，氮肥利用率提高26%～27%。

【技术操作关键要点】

（1）有机肥的选用

选用农家肥的先后顺序为猪粪、鸡粪、牛粪，并按1.5%接入EM发酵菌剂拌匀，喷水使含水率为50%～60%堆肥，2d翻堆一次，在室外温度25℃以上时发酵时间为35～40d。

（2）有机肥替代化肥比例及施用量

研究表明，旱砂田西瓜优化施肥量为N 200kg/hm^2、P_2O_5 170kg/hm^2、K_2O 260kg/hm^2；可滴灌砂田优化施肥量为N 220～250kg/hm^2、P_2O_5 145～160kg/hm^2、K_2O 180～220kg/hm^2。有机肥（农家肥）可替代50%化肥养分，根据不同农家肥养分含量和总养分施肥量分别换算有机肥施用量和化肥施用量。商品有机肥也可根据其氮、磷、钾养分含量和30%～50%的替代比例进行换算施肥。

（3）与西甜瓜稳定性复合肥配合施用

旱砂田施西甜瓜稳定性复合肥（$N-P_2O_5-K_2O=21-14-16$）30kg/亩，配合一定量有机肥，即50%化肥+50%有机肥，在西瓜播种前10d作为基肥一次性施用，西瓜整个生育期可不施肥，既降低施肥人工成本，又提高了肥料利用率。滴灌砂田在西瓜苗定植前施西甜瓜稳定性复合肥（$N-P_2O_5-K_2O=21-14-16$）30kg/亩，配合一定量有机肥基施，即50%化肥+50%有机肥；西瓜生育期结合膜下滴灌施平衡型水溶肥（$N-P_2O_5-K_2O=20-20-20$）5kg/亩，高钾型水溶肥（$N-P_2O_5-K_2O=12-6-42$）5kg/亩。

【注意事项】 ①农家肥一定要完全腐熟发酵，以防止寄生病虫害的发生；②农家肥换算施肥量时应测定其含水量，考虑水分因素影响；③有机肥尤其是农家肥与复合化肥由于颗粒形态不同，因此建议分开施用，以免混合不均，造成施肥比例不当；④有机肥尤其是农家肥最好采用先开施肥沟再翻土深施的方法，有利于改良土壤质量，若施工量较大，也可采用专用机械设备沟施或撒施。

【适宜地区】 甘肃、宁夏砂田西瓜种植区域。

【技术依托单位、联系方式】

依托单位：甘肃省农业科学院

联系方式：杜少平　13893482056　E-mail：dushaoping2007@163.com

10 灌区西甜瓜化肥替代技术

【技术简介】本技术在灌区西甜瓜优化施肥方案的基础上，通过适宜有机肥源和微生物有机肥的筛选、有机肥替代不同比例化肥养分对灌区西甜瓜产量、品质及养分利用率的影响研究，确定出有机肥替代化肥的最佳比例，结合高效施肥装备，集成了“灌区西甜瓜化肥替代技术”。本技术在甘肃民勤、瓜州等地的西甜瓜种植区已得到了广泛的应用，示范效果表明，较传统施肥西甜瓜增产20.8%~27.3%，可溶性固形物含量提高0.3%~1.8%，化肥减施30%~38%，肥料利用率提高20.6%~27.6%。

【技术操作关键要点】

（1）有机肥的选用

①玉米秸秆：牛粪=1：4，秸秆粉碎后与牛粪混合均匀，并按1.5%接入EM发酵菌剂拌匀，喷水使含水率为50%~60%堆肥，2d翻堆一次，在室外温度25℃以上时发酵时间为35~40d。其有机质含量为347.93g/kg、全氮12.66g/kg、速效氮4.61g/kg、速效磷2.04g/kg、速效钾10.03g/kg。②凹凸棒生物有机肥，有机质≥20%，总养分（N-P-K）=8%，有效活菌≥0.2亿/g。

（2）有机肥替代化肥比例及施用量

研究表明，灌区西甜瓜优化施肥量为N 240kg/hm^2、P_2O_5 135kg/hm^2、K_2O 260kg/hm^2。①“农家肥+秸秆”可替代50%化肥养分，根据其养分含量和总养分施肥量分别换算有机肥施用量和化肥施用量；②凹凸棒生物有机肥可替代20%化肥养分。

（3）与西甜瓜稳定性复合肥配合施用

①“牛粪+秸秆”施用量为1 740kg/亩，西甜瓜稳定性复合肥（N-P_2O_5-K_2O=21-14-16）40kg/亩，即“50%CF+50%OF”，在西甜瓜播种前10d作为基肥利用有机肥/化肥在线混施装备一次性施用，西甜瓜整个生育期可不再追肥；②凹凸棒生物有机肥200kg/亩，西甜瓜稳定性复合肥（N-P_2O_5-K_2O=21-14-16）48kg/亩，即“80%CF+20%BF”，在西甜瓜播种前10d作为基肥利用旱塘瓜开沟施肥覆膜覆土复式作业机一次性施用，西甜瓜整个生育期可不再追肥。

【注意事项】①“农家肥+秸秆”按一定体积比配制混合，要完全腐熟发酵，以防止寄生病虫害的发生；②“农家肥+秸秆”堆肥施用前应测定其含水量，换算施用量时应考虑水分因素影响；③凹凸棒生物有机肥由于添加氨气，至少要提前10d施用，对土壤具有杀菌消毒作用，若施用太迟，会对西甜瓜定植苗产生副作用；④利用有机肥/化肥在线混施装备或旱塘瓜开沟施肥覆膜覆土复式作业机施肥作业时，应提前进行调试，以达到有机肥与化肥配施的比例要求。

【适宜地区】甘肃河西、新疆等地露地西甜瓜种植区域。

【技术依托单位、联系方式】

依托单位：甘肃省农业科学院

联系方式：杜少平　13893482056　E-mail：dushaoping2007@163.com

11　压砂瓜有机替代+水肥一体化减肥技术

【技术研发背景】 针对宁夏中部干旱带水资源不足、土壤耕作困难、干旱胁迫下肥料利用率低，连作条件下土壤理化性质变差、肥力持续下降、有机质含量低、生产力随之降低的突出问题，我们以提高地力水平，减少化学农药用量为目的，结合机械化覆膜、敷滴灌带技术的应用，示范有机替代+膜下滴灌水肥一体化技术。

【技术效果】 通过有机替代，可以提高压砂地贫瘠土壤中有机质含量，显著改善土壤理化性质，促进保水保墒、水肥吸收利用能力的提高，通过调节补水量，与传统施肥相比，可以在化肥养分减量 27.6%～42%的情况下，实现增产 2.3%～9.0%，每亩增收 97～337 元。目前该项技术已经在中卫市沙坡头区香山乡、兴仁镇，中宁县喊叫水乡、徐套乡示范推广 2 万余亩。

【技术操作关键要点】 以抗病品种宁农科 1 号、金城五号嫁接西瓜品种为主，基肥由传统的亩施 20kg 二铵+20kg 三元复合肥（$N-P_2O_5-K_2O=17-17-17$）改为亩施 20kg 甘肃省农业科学院研制的西甜瓜稳定性复合肥（$N-P_2O_5-K_2O=21-14-16$），每亩增施农家肥 $2m^3$（一般为羊粪 1 200kg），也可在有机肥中添加 50kg 生物菌肥，或 2～5kg 复合木霉菌剂、枯草芽孢杆菌等生物菌剂。无有效降雨时最多补水 $30m^3$，亩追肥 25kg 以内（分别为 $N-P_2O_5-K_2O=16-16-16$ 施 5kg，$N-P_2O_5-K_2O=18-7-23$ 施 10kg，$N-P_2O-K_2O=15-9-26$ 施 10kg）。

【注意事项】 稳定性复合肥在定植前 20d 左右施入，以利于养分的释放；菌剂要配合施入商品有机肥或腐熟过的农家肥，防止施入后粪肥发酵产生的热量杀死有益菌。

【适宜地区】 适宜宁夏、甘肃等压砂西瓜主产区。

【技术依托单位、联系方式】

依托单位：宁夏农林科学院园艺研究所

联系方式：杨万邦　0951-6886778　E-mail：514352423@qq.com

12　宁夏引黄灌区平畦栽培+基肥精准条施+有机替代+水肥一体化减肥技术

【技术研发背景】针对宁夏引黄灌区西瓜生产以传统的基施化肥满地撒施、垄作沟灌穴追肥为主，有机肥投入不足、化肥过量使用、肥效利用率低、有机质含量低、土壤理化性质变差、肥力持续下降等问题，我们结合机械化覆膜、敷管技术的应用，示范平畦栽培+基肥精准条施+有机替代+水肥一体化减肥技术。

【技术效果】通过优化栽培方式，每亩可以节约整地起垄开沟、穴追肥等人工费用700元，改大水漫灌为膜下滴灌每亩节约用水30m^3左右，试验结果表明，实现部分基肥有机替代以后，通过追施不同养分比例的大量水溶肥，在化肥养分减量25%后，肥料利用率提高14.2%以上，仍可以实现亩增产3.84%。中心可溶性固形物提高0.41个百分点，品质得到一定提升。目前已在吴忠市利通区、青铜峡市、贺兰县累计示范1.5万亩以上。

【技术操作关键要点】选用抗病西瓜品种红花五号，由传统的垄作沟灌改为不起垄平畦栽培，由基施化肥满地撒施改为种植带精准条施减量施肥；由传统沟底漫灌改为膜下滴灌水肥一体化施肥。利用当地瓜稻水旱轮作、沟渠河网密布的特点，采用柴油泵就地取水。基肥条施复合肥（15-15-15）20kg，磷酸二铵20kg，基肥条施复合肥（15-15-15）20kg，磷酸二铵20kg，每亩施入羊粪或牛粪等有机肥1 500~2 000kg，与传统施肥相比可替代25%左右化肥，分别在伸蔓期、坐果后、膨大期通过膜下滴灌每亩追施“世多乐”系列大量元素水溶肥（养分比例$N-P_2O_5-K_2O=30-10-10$，15-8-29，5-15-45）各10kg/亩。

【注意事项】化肥基施时应深施，避免“烧苗”。

【适宜地区】适宜宁夏、甘肃等引黄灌区或水源便利的西瓜主产区。

【技术依托单位、联系方式】

依托单位：宁夏农林科学院园艺研究所

联系方式：杨万邦　0951-6886778　E-mail：514352423@ qq. com

13 辽宁设施甜瓜栽培土、肥、水调控技术

【技术简介】辽宁省现有设施生产面积超过1 000万亩，是辽宁省农业产业中不可缺少的最重要的组成部分。由于设施生产收益相对较高，一方面人们为获得更大的经济效益而在设施土壤进行长期连续的栽培，致使土地利用程度高，一年四季几乎没有休闲期；另一方面为获得更大的经济效益往往盲目过量地灌水和施肥现象非常严重。由于过量地施肥、不适当地灌水，随着设施栽培使用年限的延长及复种指数的增加，在覆盖而不能接受天然降水这一特殊条件下，设施土壤质量退化现象日趋严重，这不仅影响了作物的产量和品质，而且对今后设施生产的可持续发展也存在着潜在风险。

设施甜瓜生产中，水分和养分管理是关键的要素，而合理的水肥管理可以达到以水促肥，以肥调水，增加甜瓜产量和改善品质的目的，对减缓土壤退化亦有重要意义。根据作物需水需肥规律进行灌溉和施肥，可以最大限度地减少水、肥的流失，提高水、肥利用率和生产效率，有效的提高设施甜瓜生产水平和效益。本课题组在深入分析辽宁地区西甜瓜生产水、肥、药管理现状和土壤养分特征的基础上，从减少化学肥料使用的角度出发，以水肥为中心，重点开展了辽宁设施甜瓜栽培土、肥、水调控技术。各技术示范与推广结果表明，该技术不仅可以提高作物产量，具有节水、节肥和省药的效果，而且对于改善和有效防治设施土壤质量退化具有明显的效果。

【技术操作关键要点】

（1）整地—定植期

土壤深翻25~35cm，整地时每亩施6 000~12 000kg腐熟有机肥用做基肥，同时添加适量生物肥。畦宽80~120cm，畦高15~20cm，根据品种需求在畦面铺设单行或双行滴灌带，覆膜。定植前亩施尿素5~10kg，磷酸二铵8~14kg，硫酸钾8~16kg，过磷酸钙15~25kg，忌氯肥。种植年限长，土壤肥力高的设施地块，肥料用量可取下限；使用年限相对较短、土壤肥力较低的设施地块，肥料用量均应取上限。

定植后第一次灌水要浇透，每亩灌水应控制在16~24m^3；其中在质地偏砂的土壤上单次灌水量为16~19m^3，土壤质地中等单次灌水量控制在19~22m^3，土壤质地偏黏单次灌水量控制在22~24m^3。甜瓜定植后至伸蔓前，需水较少，要控制灌水，根据土壤湿度情况，定植6~7d后，可灌水1次，每亩灌水控制在5~8m^3。

（2）伸蔓期—开花期

在此期间，不宜灌水过多，否则易引起茎叶旺长，对坐瓜不利。根据土壤质地及持水状况，若有必要，可灌水1次，每亩灌水6~10m^3。瓜蔓长30~40cm时可结合滴灌每亩冲施氮磷钾复合肥10~15kg。

（3）果实膨大期—收获期

果实膨大期需水、肥较多，根据土壤及天气状况每3~8d滴灌灌水一次，每次8~10m^3。结合浇水施肥2~3次，每次施硫酸钾5~10kg，磷酸二铵8~15kg。根据作物长势、每隔7~10d叶面喷施0.3%磷酸二氢钾、甜瓜成熟前7~10d停止浇水和冲施肥。土壤质地偏砂，温度高、灌水次数增加、单次灌水量要适当减少，反之亦然。

【注意事项】

甜瓜是葫芦科一年生蔓性草本植物，根系发达，吸收力强，能充分利用土壤中的矿质元素和水分，有一定的抗旱、耐瘠薄的能力。甜瓜适宜在土层深厚、肥沃、有机质含量高、通气性良好的壤土或砂质壤土上栽培。

设施甜瓜施肥应根据甜瓜需肥规律和土壤的保肥及供肥特点进行施肥，最大限度减少肥料的流失，防止致盐、致酸物质在土壤中积累。有机肥和化肥配合施用，有机肥比例适当加大，化肥比例适当减少，有机肥料应充分腐熟，化肥应适当控制氮肥，增施磷、钾、钙肥等肥料。追肥可按照少量多次的原则，避免一次追肥过多。施肥量要根据土壤肥力和设施栽培年限做适当调整。

甜瓜生长既需要较多的水分，又具有半耐旱的特点。灌水时宜少量多次，避免单次灌水量过大导致水肥资源浪费。甜瓜各个生长发育阶段对水分的要求不一样，幼苗期需水量少，可以不灌或少灌，伸蔓至开花期轻灌，果实膨大期需大量水分，应抓紧灌溉，果实停止膨大后对水分的需要逐渐减少，到成熟采收前停止灌水。灌水时应早、晚浇水，中午温度高时不宜灌水。

【适宜地区】适宜辽宁西部设施西甜瓜栽培地区。

【技术依托单位、联系方式】

依托单位：沈阳农业大学

联系方式：范庆锋　13940416061

西甜瓜化肥减施新产品

1　西甜瓜稳定性复合肥料

【产品简介】“西甜瓜稳定性复合肥料”，$N-P_2O_5-K_2O=21-14-16$，内加长效因子，应用了硝化抑制剂、脲酶抑制剂的双向协同互促作用，营养元素可以在土壤中缓慢释放，既延长了养分供给的有效期，又减少了营养元素的挥发、淋溶损失，从而提高了肥料利用率。2018 年在甘肃张掖市（传统施肥量 N：13.9kg/亩、P_2O_5：20.5kg/亩、K_2O：8.7kg/亩）、广西北海市（传统施肥量 N：15kg/亩、P_2O_5：15kg/亩、K_2O：15kg/亩）、湖南邵阳市（传统施肥量 N：14.4kg/亩、P_2O_5：14.4kg/亩、K_2O：14.4kg/亩）、辽宁沈阳市（传统施肥量 N：11.2kg/亩、P_2O_5：9.5kg/亩、K_2O：23.5kg/亩）等地的示范效果表明，单施西甜瓜稳定性复合肥较传统施肥，化肥总养分量可减施 5.3%~9.3%，西甜瓜增产 1.3%~14.1%，肥料利用率提高 4.5%~8.8%，经济效益增加 70~556 元/亩；若与有机肥配合施用，化肥总养分量可减施 29.0%~32.0%，西甜瓜增产 10.3%~25.4%，肥料利用率提高 13.5%~18.7%，经济效益增加 250~915 元/亩。

西甜瓜稳定性复合肥料

【技术操作关键要点】①本产品可做基肥一次性施入，推荐施肥量为 80kg/亩，即 N 16.8kg/亩、P_2O_5 11.2kg/亩、K_2O 12.8kg/亩；②西甜瓜稳定性复合肥与有机肥或生物有机肥配合施用，施用量可降至 40~60kg/亩。

【适宜地区】全国西甜瓜生产区均可施用。

【技术依托单位、联系方式】

依托单位：甘肃省农业科学院

联系方式：杜少平　13893482056　E-mail：dushaoping2007@163.com

2 旱塘瓜施肥施药开沟覆膜覆土复式作业装备

【装备简介】针对西北地区旱塘瓜垄膜沟灌种植模式下化肥利用率低，化肥深施、开沟覆膜等减肥增效农艺技术缺乏配套机械化装备的现状，设计了旱塘瓜开沟施肥覆膜覆土复式作业机。该机由机架、三点悬挂机构、传动机构、开沟起垄机构，施肥机构、覆膜机构等组成，可完成侧条施肥深度 10～15cm，施肥量 2.7～4.1kg/hm^2 精量可调，满足了西北旱塘瓜的化肥深施农艺要求；沟底覆膜农膜无损伤，且与沟底、沟壁贴合，不仅起到了增温保墒的作用，并有效抑制了杂草生长，使得旱塘瓜全生育期无需施用除草剂；整机功耗<40kW。该机具在甘肃省高台县、民勤县等地的田间性能试验表明，当作业地块平整，机具行进速度以匀速 0.5m/s 左右时，采光面机械破损程度为 41.6mm/m^2，膜边覆土厚度 27.3mm，膜边覆土宽度 44.6mm，膜边覆土厚度合格率 96.1%，膜边覆土宽度合格率 95.6%，地膜纵向拉伸率 92.3%，排肥均匀性变异系数 5.6%，开沟深度 32.5cm；较当地传统施肥喷药化肥减施 20%，农药减施 35%，农药利用率提高 13%。且相关性能指标均已达到国家标准以及农艺要求，能够实现旱塘瓜开沟施肥覆膜覆土机械化作业，适宜推广应用。

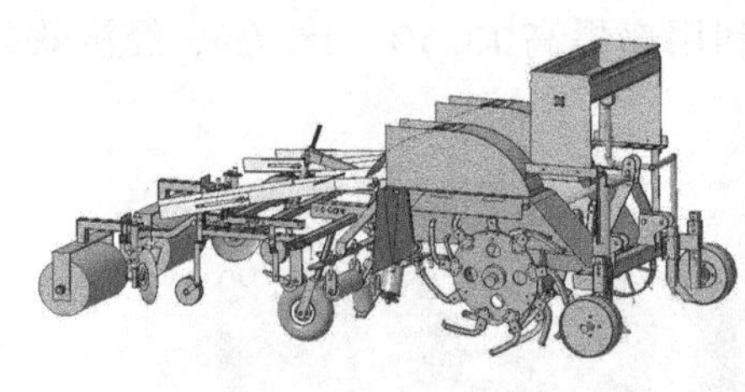

旱塘瓜开沟施肥覆膜覆土复式作业机

【技术操作关键要点】该装备突破了化肥精量深施、开沟入土部件节能降耗、沟底无损覆膜等技术难题，可一步完成开沟、施肥、施药、覆膜、覆土等复式作业。

【适宜地区】甘肃河西、新疆等露地旱塘西甜瓜种植区。

【技术依托单位、联系方式】

依托单位：农业农村部南京农业机械化研究所

联系方式：龚艳　15366093017

3　有机肥/化肥混合深施技术与装备

【技术简介】有机肥和化肥按照科学配比进行混合深施不仅能充分满足西甜瓜生长的养分需求，提升西甜瓜的产量和品质，并能促进根系吸收，减少地表流失，从而提高肥料利用率。由于有机肥具有易结块、流动性差等物理性状，采用常规化肥深施机进行施肥不仅极易造成机具堵塞，并且施肥量也远远达不到有机肥的施用要求。通过有机肥/化肥机械化在线混施技术研究与装备创制，设计的有机肥/化肥在线混施技术装备主要由施肥装置、开沟装置和机架3部分组成，施肥装置内部通过隔板分为化肥腔、有机肥腔，化肥腔漏肥口底部设有外槽轮排肥器，有机肥腔漏肥口底部设有绞龙排肥器，有机肥腔内沿横向设有搅拌绞龙轴，外槽轮排肥器的排肥道出口以及绞龙排肥器的排肥口与导肥器的入料口连通。机具运行时通过液压装置和传统装置实现3部分联动，施肥作业时按照开沟、施肥再覆土的流程进行作业，实现颗粒状化肥与块状（或粉末状）有机肥两种肥料的在线固-固混合与机械化深施。该设备已在新疆吐鲁番等地示范推广面积1.5万亩，示范效果表明，较当地常规施肥，化肥减施50%化肥利用率提高13%，增收150元/亩。

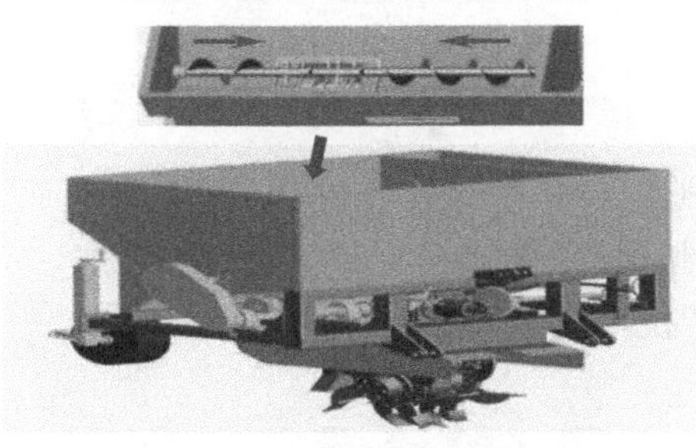

西甜瓜有机肥深施机数字样机

西甜瓜有机肥深施机

有机肥/化肥在线混施技术装备

【技术操作关键要点】施肥作业时，颗粒状化肥与块状（或粉末状）有机肥两种肥料的在线固-固混合与机械化深施，并且可根据不同西甜瓜品种的养分需求，精准控制化肥与有机肥的配比，从而有效提高化肥与有机肥利用率，大幅减少化肥施用量。

【适宜地区】全国露地西甜瓜主产区。

【技术依托单位、联系方式】

依托单位：农业农村部南京农业机械化研究所

联系方式：龚艳　15366093017

西甜瓜化肥减施技术规程

1　大棚西瓜有机肥替代部分化肥生产技术规程

1　范围

本标准规定了大棚西瓜有机肥替代部分化肥技术的产地环境、生产管理措施、肥料种类、肥料施用方法和注意事项。

本标准适用于配置水肥一体化、年施入纯养分不变时减量施入化肥的大棚西瓜生产。

2　规范性引用文件

下列文件对于本文件的应用是必不可少的。凡是注日期的引用文件，仅所注日期的版本适用于本文件。凡是不注日期的引用文件，其最新版本（包括所有的修改单）适用于本文件。

GB 15063　复混肥料（复合肥料）

NY 525　有机肥料

NY 884　生物有机肥

NY 1107　大量元素水溶肥

NY/T 2624　水肥一体化技术规范　总则

NY/T 5010　无公害农产品　种植业产地环境条件

DB 34/T 714　绿色食品　普通西瓜生产技术规程

3　产地环境

应符合 NY/T 5010 的规定。

4　生产管理措施

除肥料施用外，按照 DB 34/T 714 的规定执行。

5　肥料种类

5.1　有机肥

有机肥应符合 NY 525 的规定，生物有机肥应符合 NY 884 的规定。

5.2　化肥

硫酸钾复合肥应符合 GB 15063 的规定，大量元素水溶肥应符合 NY 1107 的规定。

6　肥料施用方法

6.1　基肥施用

西瓜移栽前，撒施商品有机肥4 500~6 000kg/hm^2 或生物有机肥3 000~4 500kg/hm^2，深翻土壤25~30cm，耙细整平起墒；然后在定植行上，撒施硫酸钾复合肥（16-8-20/18-7-20 或相似配方）375~450kg/hm^2，并与土掺和混匀。

6.2　追肥施用

分别在坐果期和果实膨大期，分别追施高钾专用水溶肥（15-5-35/16-6-30或相似配方）150kg/hm²。水肥一体化应用符合NY/T 2624的规定。

6.3　中微量元素肥料施用

在开花期、坐果期、膨果期喷施微量元素叶面肥75kg/(hm²·次)。

7　注意事项

（1）生物有机肥与土壤杀菌剂不可同时施用。

（2）追肥用水溶肥应选择高纯度复合肥。

2 早春大棚西瓜水肥一体化技术规程

1 范围

本标准规定了早春大棚西瓜生产的水肥一体化技术要求和设计安装、管带布设及科学使用等内容。

本标准适用于河北省早春大棚西瓜水肥一体化栽培生产。

2 规范性引用文件

下列文件对于本文件的应用是必不可少的。凡是注日期的引用文件，仅所注日期的版本适用于本文件。凡是不注日期的引用文件，其最新版本（包括所有的修改单）适用于本文件。

GB/T 50363　节水灌溉工程技术规范

GB/T 50485　微灌工程技术规范

GB/T 19812.2　塑料节水灌溉器材　压力补偿式滴头及滴灌管

GB/T 17187　农业灌溉设备　滴头和滴灌管技术规范和试验方法

GB 5084　农田灌溉水质标准

NY/T 2624　水肥一体化技术规范　总则

NY/T 496　肥料合理使用准则　通则

NY 1106　含腐殖酸水溶肥料

NY 1107　大量元素水溶肥料

NY 1428　微量元素水溶肥料

NY 1429　含氨基酸水溶肥料

3 技术要求和设计安装

应符合 GB/T 50363、GB/T 50485 和 NY/T 2624 的要求。灌溉系统一般为滴灌。

3.1 肥料要求

使用水溶性肥料，符合 NY/T 496、NY 1106、NY 1107、NY 1428、NY 1429 的要求。稀释度宜控制在 2/1 000~4/1 000，溶液浓度（水+肥料）的 pH 值≤6。

3.2 水源

符合 GB5084 的要求。

3.3 主干管网

由干管、支管等组成。宜选用直径 40mm 或 50mm 的 PE 管或 PVC 管。支管以上各级管道的首端宜设控制阀。在干管、支管的末端应设冲洗排水阀。PE 管材支管可沿地面铺设；PVC 支管应埋入地下，干管、支管管顶覆土厚度应不小于当地冻土层。

3.4 过滤器

安装两级过滤器，容量应超过滴灌系统总流量的 20%。

3.4.1 一级过滤器

水质较差的水源采用砂石过滤器，水质较好的水源采用旋流水砂分离过滤器。过滤器规格应能过滤掉大于灌水器流道尺寸 1/10 粒径的杂质。

3.4.2　二级过滤器

采用叠片或网式过滤器，120~200 目。

3.4.3　施肥过滤器

水溶肥设置一级 120~200 目的叠片过滤器；有机肥滤清液设置 50 目+80 目+120 目的过滤器。

3.5　施肥装置

施肥装置用于有压给水管路，规格型号应与所在管段管道的规格型号相配套，放在水源与过滤器之间，如注肥泵、文丘里注肥器、压差式施肥器、微重力自压式施肥器等。

3.6　设计安装

按附录 A 或 B 的要求进行设计安装。

3.7　要求

滴灌管应符合 GB/T 19812.2 和 GB/T 17187 要求，宜选用直径 16mm×0.4mm 规格。滴灌带铺设长度≤50m。

4　管带田间布设

4.1　整地施肥

行距 2.8~3m，亩施优质腐熟有机肥 $2m^3$/亩，复合肥（15-15-15）20kg/亩，硫酸钾 15kg/亩，生物菌肥 50~80kg。开沟施肥，沟宽 60~70cm，沟深 25~30cm，施肥后合沟起垄，垄宽 50~60cm，垄高 10~15cm。

4.2　铺管覆膜

在垄上布设滴灌带，完成后进行滴水试验，检查滴水情况。试水完好后覆盖地膜，地膜宽度和行距一致，先只铺垄面，其余留在两边，伸蔓前展平，地面全覆盖。

4.3　试运行

使用前进行主管道水压试验。试水压力不应小于管道设计压力的 1.25 倍，并保持 10min，管道不应发生爆裂、脱落等。

5　水肥一体化技术

5.1　要求

按照不同时期经济灌水量，少量多次，灌溉润湿深度 30cm。每次灌溉时，应先关闭施肥罐（器）上的阀门，把滴灌系统支管的控制阀完全打开。每次施肥前，根据加肥方案将定量的肥料溶于水中，用纱布（网）过滤后倒入施肥装置，先滴清水 20min 左右，然后滴肥水。水肥混合液 EC 值控制在 0.5~1.5ms/cm，不超过 3.0ms/cm；滴灌浓度控制在 0.2%~0.5%。施肥结束后，滴管仍需滴清水 20min，以清洗管道，防止堵塞。灌溉结束时先切断动力，然后立即关闭控制阀。

5.2　不同时期的管理

5.2.1　定植

株距 55~60cm，每亩 600~800 株。定植水每亩用水量 8~$14m^3$。

5.2.2　苗期

定植 5~7d 后，浇缓苗水，每亩用水量 10~$12m^3$。

5.2.3　伸蔓期

伸蔓期每7~8d滴灌1次，每次每亩10~12m^3。瓜蔓30~40cm时，结合灌水，亩追施氮磷钾水溶肥3~5kg，配比28：6：16。

5.2.4　结果期

幼果直径3~5cm时，浇膨瓜水，随水追施高钾水溶肥，每亩5~8kg，每亩用水量10~14m^3；以后6~10d浇水1次，每次每亩12~14m^3。果实直径12~15cm时，结合浇水施肥1次，高钾型水溶肥亩用量5~8kg，肥料配比16：8：26，累计N3.2~5.6kg、P_2O_5 1~2kg、K_2O 3.6~6.3kg。可叶面喷施中微量元素肥料2~3次。

5.2.5　采收期

采收前7~10d停止浇水施肥。

附录A　首部枢纽装置结构图

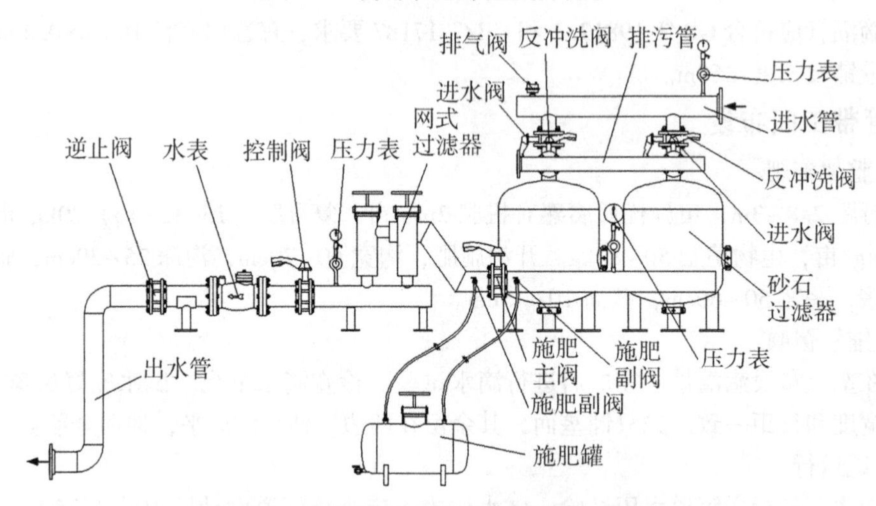

附录B　二级首部枢纽施肥结构示意图

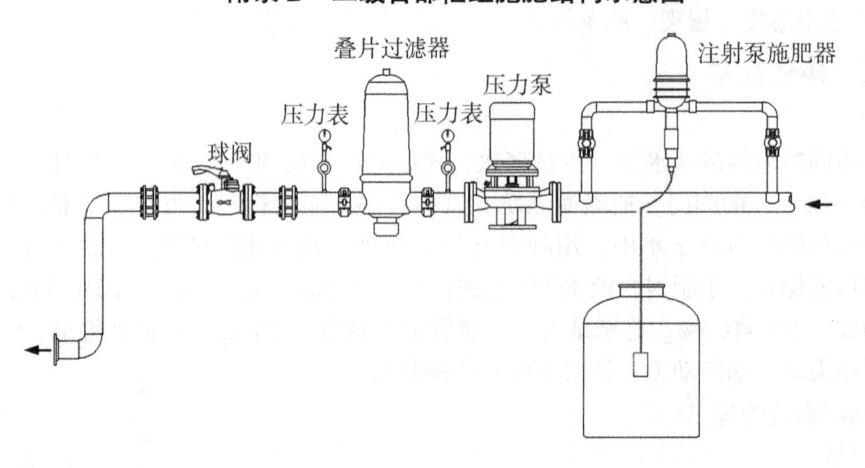

3　早春小拱棚地膜双覆盖西瓜生产技术规程

1　范围

本标准规定了早春小拱棚地膜双覆盖西瓜生产的产地条件、品种选择、育苗、定植前准备、定植、定植后管理、病虫害防治和采收。

本标准适用于石家庄市早春小拱棚地膜双覆盖西瓜生产。

2　规范性引用文件

下列文件对于本文件的应用是必不可少的。凡是注日期的引用文件，仅注日期的版本适用于本文件。凡是不注日期的引用文件，其最新版本（包括所有的修改单）适用于本文件。

GB 16715.1　瓜菜作物种子　第1部分　瓜类

DB13/T 1649　早春西瓜嫁接育苗技术规程

3　产地条件

选择地势高燥，排灌方便，土层深厚、疏松、肥沃的砂质壤土地块。

4　品种选择

选择早熟、优质、高产、抗逆性强、适应市场需求的品种，如京欣类品种。种子质量应符合 GB 16715.1 中的二级以上良种要求。

5　育苗

按 DB13/T 1649 执行。

6　定植前准备

6.1　整地施肥

冬前深耕整地，开沟。沟距2.3~2.5m，沟深30~35cm，沟宽80~100cm。沟内施肥，亩施腐熟鸡粪2~3m^3，生物菌肥5kg，磷酸二铵25kg，硫酸钾25kg。土肥混合。

6.2　覆膜扣棚

定植前7~10d沟内洇地造墒，2~3d后在定植沟内做高20~30cm的龟背状小高垄，覆盖地膜、扣棚，棚高50~60cm。

7　定植

7.1　时间

3月底4月初地温连续5d稳定在12℃以上定植。

7.2　方法

在垄上打穴，穴距60~70cm，每穴双株，每亩800~900株，定植后及时盖严棚膜。

8　定植后管理

8.1　温度

缓苗期棚温不超过35℃不放风，缓苗后棚温保持28~30℃。伸蔓后棚温保持25~28℃。通过放风调节棚温。随气温的不断升高，放风口逐渐由小到大，不断变换风口位置。

8.2　水肥

缓苗后视苗情浇小水，水不可漫过地膜。70%～80%西瓜长到直径3～5cm时浇水，结合浇水亩施高钾复合肥8～10kg，叶面喷施微量元素肥料。西瓜直径8～12cm时浇水，结合浇水亩施高钾复合肥5～8kg。以后根据墒情浇水，保持土壤见干见湿。采摘前7～10d停止浇水。

8.3　适时撤棚

在4月底5月初，最低气温稳定在12℃以上撤去小拱棚。

8.4　整枝

瓜蔓长到30～40cm时顺蔓，三蔓整枝。

8.5　授粉

留第二或第三雌花坐瓜。蜜蜂授粉或人工授粉。人工授粉在上午8：00—10：00，采当天开放的雄花，掰去花瓣，把花粉轻轻地均匀地涂在雌花的花柱上，授粉后做好标记。

9　病虫害防治

按DB13/T 1705执行。

10　采收

根据品种特性适时采收。

（石家庄市地方标准DB1301/T 274—2018）

4　西甜瓜减肥减药基质栽培技术规程

1　范围

本标准规定了西甜瓜减肥减药基质栽培的产地环境、栽培设施和基质、种苗、定植、定植后管理、病虫害防治、采收和栽培基质消毒利用等。

本标准适用于河北省早春保护地西甜瓜基质生产。

2　规范性引用文件

下列文件对于本文件的应用是必不可少的。凡是注日期的引用文件，仅所注日期的版本适用于本文件，凡是不注日期的引用文件，其最新版本（包括所有的修改单）适用于本文件。

GB/T 23416.3　蔬菜病虫害安全防治技术规范　第 3 部分：瓜类

GB/T 8321　农药合理使用准则

NY/T 5010　无公害农产品　种植业产地环境

NY/T 2119　蔬菜穴盘育苗　通则

NY/T 2132　温室灌溉系统设计规范

NY/T 496　肥料合理使用准则　通则

NY 1106　含腐殖酸水溶肥料

NY 1107　大量元素水溶肥料

NY 1428　微量元素水溶肥料

NY 1429　含氨基酸水溶肥料

DB13/T 1649　早春西瓜嫁接育苗技术规程

DB13/T 2147　薄皮甜瓜集约化育苗技术规程

DB37/T 1396　厚皮甜瓜集约化嫁接育苗技术规程

DB13/T 2776.5　集约化生产蔬菜种苗质量　第 5 部分：西瓜

DB13/T 2776.6　集约化生产蔬菜种苗质量　第 6 部分：甜瓜

DB13/T2186　蔬菜基质栽培设施建造技术规程

DB13/T2880　蔬菜栽培基质通用技术要求

DB13/T 2453　棚室西瓜蜜蜂授粉技术规程

DB13/T 2154　设施甜瓜熊蜂授粉技术规程

3　术语和定义

下列术语和定义适用于本标准。

基质栽培：植物根系生长在固体基质中，通过添加有机肥或生物菌肥等，用固体基质固定植物根系，并通过滴灌满足植株对水分和营养需求的一种减肥减药的栽培方式。属无土栽培的一种。

4　产地环境

产地环境质量应符合 NY/T 5010 的规定。

5 栽培设施和基质

5.1 栽培设施

选用日光温室、塑料大棚或连栋大棚等设施。

5.2 栽培槽

符合 DB13/T 2186 的要求。可用控根容器板和砖建成半永久性栽培槽，为半地下式。栽培槽宽 70cm，深 30~35cm，长度依设施跨度而定，槽间距 80~90cm。槽底坡降不小于 1：250。装填基质前，在每个栽培槽一端建造一个比栽培槽略低的排水沟，将槽内多余的营养或水分排出。

5.3 栽培基质

选择蘑菇渣材料作为配制基质的原材料，通过高温腐熟后与蛭石按 1：1 的比例复配。每方复合基质加入 25~30kg 有机肥或生物菌肥，待用。基质理化性质符合 DB13/T 2880 要求。

5.4 基质铺设

最下层铺 1~2 层聚乙烯塑料棚膜，与土层完全隔离。膜上均匀铺入 3~5cm 厚的小细块炉渣（或者砂砾），上铺 1~2 层无纺布，然后再装满栽培基质，基质厚度铺设 20~25cm。

5.5 灌溉设备

符合 NY/T 2132 的要求。基质上面铺 1~2 条滴灌管或聚乙烯多孔微喷带，2 根管带间距 20~30cm。

6 种苗

按 NY/T 2119、DB13/T 1649、DB13/T 2147 或 DB37/T 1396 育苗或购买商品苗。幼苗质量符合 DB13/T 2776.5 和 DB13/T 2776.6 的要求。

7 定植

7.1 定植前准备

定植前 7~10d 进行硫磺烟熏消毒，每亩用 2 000~3 000g 硫磺粉与锯末混合，分放 10 个点后点燃，密闭一昼夜。或用适量烟熏剂密闭棚室，进行熏蒸。

放风口和门口加设 40 目防虫网。

7.2 定植

2 月上旬至 3 月中旬，选择壮苗定植，深度以基质面与苗坨平齐为宜，定植后槽内基质铺满地膜。西瓜每亩 2 000~2 200株；厚皮甜瓜每亩1 600~1 800株；薄皮甜瓜每亩2 000~2 300株。

8 定植后管理

8.1 温度

定植后闭棚提温，超过 35℃放小风，下午温度降至 25℃关闭风口。生长前期的温度为白天 25~32℃、夜间 18~20℃，坐果期和膨瓜期的温度为白天 25~30℃、夜间 16~20℃，后期晚间放风口加大放风或不关闭风口，扩大温差。

8.2 湿度

保持空气流通，空气湿度应控制在 80%以下。可通过空间喷雾、强制通风等措施调节湿度。

8.3　水肥管理

使用肥料符合 NY/T 496、NY 1106、NY 1107、NY 1428 和 NY 1429 的要求。均可叶面补充中量元素或微量元素叶苗肥，或喷湿 0.2%的尿素或磷酸二氢钾溶液。

8.3.1　西瓜管理

定植前把基质洇好，定植后浇水，使基质稍为沉实，与幼苗根系紧密接触，亩用水 10~15m^3；5~7d 后，浇缓苗水，每亩用水量 10~12m^3。伸蔓期每 6~10d 滴灌 1 次，每次每亩 10~12m^3。瓜蔓 30~40cm 时，结合灌水追肥 1~2 次，亩追施高氮水溶肥或平衡冲施肥（N-P_2O_5-K_2O 为 22-12-16 或 17-17-17）5~8kg。幼果直径 3~5cm 时，随水亩追施高钾水溶肥（N-P_2O_5-K_2O 为 14-7-39、18-7-25 或 16-6-28）5~8kg，用水量 10~12m^3；以后 6~10d 浇水 1 次，每次每亩 12~14m^3。以后结合浇水施肥 1~2 次，高钾型水溶肥（N-P_2O_5-K_2O 为 14-7-39、18-7-25 或 16-6-28）8~10kg。

8.3.2　甜瓜管理

定植前把基质洇好，定植后浇水，使基质稍为沉实，与幼苗根系紧密接触，亩用水 10~15m^3；定植 5~7d 后，浇缓苗水，每亩用水量 10~12m^3。伸蔓期每 7~10d 滴灌 1 次，每次每亩 10~12m^3，并追肥 1~2 次，亩追高氮水溶肥或平衡冲施肥（N-P_2O_5-K_2O 为 22-12-16 或 17-17-17）5~8kg。果实坐住后，亩追施高钾水溶肥（N-P_2O_5-K_2O 为 14-7-39、18-7-25 或 16-6-28）5~10kg，以后 6~10d 浇水 1 次，每次每亩 12~15m^3，随水追肥 2~3 次。

8.4　植株调整

8.4.1　西瓜调整

瓜蔓长至 40~50cm 时进行吊蔓。在主蔓基部选留一条健壮侧蔓，其余侧蔓全部摘除，双蔓整枝，坐果后留 15~20 片叶打尖。

8.4.2　甜瓜整枝

幼苗生长至 5~6 片叶时开始吊绳引蔓，厚皮甜瓜主蔓 13~15 节留 3~4 个瓜，薄皮甜瓜主蔓 8~11 节留瓜，果实上部留 1~2 片叶摘心，其余侧芽尽早抹掉，主蔓 23~25 节时打尖。

8.5　授粉

选西瓜主蔓第 2 或第 3 雌花，在上午 9：00—10：30 进行人工授粉。或按 DB13/T 2453 要求进行蜜蜂辅助授粉。

在预留节位雌花开放时，上午 9：00—10：30 采用适宜浓度氯吡脲喷花或蘸花。或按 DB13/T 2154 要求进行熊蜂辅助授粉。

8.6　留瓜和吊瓜

西瓜果实直径 3~5cm 时，选取果形周正、发育良好的果实，留瓜，每株 1 个。果实直径 6~8cm 时，使用网袋将瓜吊起。

甜瓜幼果直径 2~3cm 时选果，保留果形正常、无伤、无病的幼果，厚皮甜瓜每株保留 1 个，薄皮甜瓜每株保留 3~4 个。厚皮甜瓜果实直径 6~8cm 时，使用网袋将瓜吊起。

9　病虫害防治

主要有蔓枯病、白粉病和蚜虫等，坚持“预防为主，综合防治”原则，严格按

GB/T 23416.3 和 GB 8321 的规定执行，优先采用农业防治、物理防治、生物防治，配合化学防治。

9.1 农业防治

选用抗病品种；培育适龄壮苗；及时整枝打杈，将摘除枝叶、病叶、杂草集中进行无害化处理。

9.2 物理防治

放风口和门口覆盖防虫网；设施内悬挂黄蓝板，每亩 25~30 块；或放置杀虫灯等。

9.3 生物防治

可采用天敌或性诱剂诱杀害虫，或生物药剂防治。

9.4 化学防治

使用新式送风式喷雾器或机动喷雾器，精准防控，药剂交替使用。

9.4.1 蔓枯病

发病后及时喷 50%异菌脲可湿性粉剂 800~1 000倍液，或 10%苯醚甲环唑水分散粒剂 1 200倍液，或 70%甲基硫菌灵 700~800 倍液，或 77%氢氧化铜可湿性粉剂 500~800 倍液，每隔 8~10d 喷 1 次，喷 2~3 次。或 75%百菌清可湿性粉剂 50 倍液，涂抹茎蔓上的病斑。

9.4.2 白粉病

用 75%肟菌·戊唑醇水分散粒剂 3 000 倍液，或 42.8%氟菌·肟菌酯悬浮剂 3 000 倍液，或 12.5%腈菌唑乳油 800~1 000 倍液交替使用，每 5~7d 喷施 1 次，防治 2~3 次。喷药时，叶正面、背面都必须均匀着药。

9.4.3 蚜虫和粉虱

蚜虫可采用 3%啶虫脒乳油 1 500 倍液，或 2%甲维盐乳油 3 000 倍液，或 22%氟啶虫胺腈悬浮剂 4 000 倍液等喷雾防治。粉虱选用 25%噻虫嗪水分散粒剂 3 000 倍液，或 25%噻嗪酮可湿性粉剂 1 000~1 500 倍液，或 10%烯啶虫胺水剂 1 000~2 000倍液等喷雾防治。每隔 7~10d 喷 1 次，共喷 2~3 次。

10 采收

果实达到本品种成熟特征时及时采摘，采收时保留部分果柄。

11 栽培基质消毒利用

11.1 消毒

栽培基质可连续使用 2~3 茬，病害较严重则每茬进行消毒。可选用下列方法进行：

（1）太阳能消毒法：在果实收获后将基质取出堆成 20~25cm 高，喷水后保持基质相对含水量达 80%，覆盖薄膜密闭后在温室或大棚内暴晒 10~15d。

（2）槽内直接浇水，然后用薄膜密闭暴晒即可。

11.2 再利用

消毒后的基质需进行 pH 值和 EC 值的检测，基质的 pH 值应为 6.0~6.9，若高于 6.9，则加入磷酸进行调节。基质盐分浓度应控制在 500mg/kg 以下，超过时用清水淋洗盐分后再使用。

（河北省地方标准 DB13/T 5343—2021）

5　西甜瓜种植区秸秆生物质炭施用技术规程

1　范围

本技术规程规定了秸秆生物质炭在西甜瓜种植区土壤中的施用技术。

本技术规程适用于西瓜和甜瓜露地栽培的土壤管理，尤其适用于肥力较低、保水能力差的土壤质地的种植区土壤。

2　规范性引用文件

下列文件对于本文件的应用是必不可少的。

GB/T 15063—2009 复混肥料（复合肥料）

3　术语和定义

下列术语和定义适用于本技术规程。

3.1　生物质 Biomass

一切生物的生命体统称为生物质，包括植物、动物和微生物。

3.2　生物质炭 Biochar

生物质在无氧或缺氧条件下经高温裂解而产生的一种稳定的富碳固体物质。

3.3　秸秆生物质炭 Straw biochar

秸秆生物质原料在密闭无氧、中低温条件下，慢速热解过程中所得到的固体产物。是最重要的农业用生物质炭，是最重要的炭基肥原料。

3.4　生物质炭基肥 Biochar based fertilizer

以生物质炭为基质，科学添加氮、磷、钾等养分中的一种或几种，采用化学方法或物理方法混合制成的肥料。

4　技术要求

4.1　秸秆生物质炭包膜大颗粒尿素

将秸秆生物质炭粉碎后通过黏合剂均匀包裹在大颗粒尿素表面和硫酸钾颗粒表面。

4.2　生物质炭基生物菌剂

具有固氮和溶磷解钾功能的菌经发酵获得高浓度菌液，将菌液浓缩，浓缩后的菌液与适量秸秆生物质炭粉均匀混合成含水量30%，2×10^8菌数的生物炭基生物菌剂。

4.2　秸秆生物质炭施用方法

4.2.1　施用时间

秸秆生物质炭一般在定植前与土壤充分混合施用。

秸秆生物质炭包膜尿素和硫酸钾一般在定植的同时还作为生物质炭基肥施用。

秸秆生物质炭基固氮菌剂和溶磷解钾菌剂可以在定植前或定植时施用。

4.2.2　施用方法

以改良为目的时，撒施后与10~20cm的耕层土壤均匀混合。

以生物质炭基肥施用时，采用根侧深施穴施施肥方式，施肥位置（根侧5cm，深5~10cm）。施肥后覆土，使施肥穴的位置较其他部位略低，以利于水分向该处汇集并被保持。

还可以配合生物质炭基固氮菌剂和溶磷解钾菌剂施用。穴施时秸秆生物质炭基肥不要与秸秆生物炭包膜化肥一起施用，以免影响菌剂的存活。秸秆生物质炭基固氮菌剂和溶磷解钾菌剂可以在定植前穴施入定植穴底层，上面覆薄土防止风刮散损失；也可以定植时施入定植穴或蘸根后定植。

4.2.3　施用量

以改良为目的的秸秆生物质炭施用量依据土壤有机质水平确定，有机质< 5g/kg 的土壤，每亩用量1 000~2 000kg/年；有机质> 5g/kg 的土壤，每亩用量500~1 000kg/年。为了不影响土壤微生物群落结构和功能，每亩一次性施用量不超过1 000kg，若用量超过1 000kg，可分次、分层施用。株行距较大的瓜类作物，根际穴施时可适当减少用量。每年每株施用量不超过 60g/株。

以秸秆生物质炭基包膜肥料的基肥施用量，参考种植中氮肥和钾肥的施用量，可以减少 15%~30%化学氮肥和钾肥。秸秆生物质炭基包膜肥料可以替代 50%~60%减量后的氮肥和钾肥施用量。

秸秆生物炭基固氮菌剂和溶磷解钾菌剂施用量为每株 20g/株；蘸根以定植根表面沾满菌剂为准。

6　北方露地覆膜甜瓜栽培施肥技术规程

1　范围

本规程规定了北方地区露地覆膜甜瓜栽培生产技术、病虫害防治和采收。适用于北方地区甜瓜露地覆膜栽培生产。

2　规范性引用文件

下列文件中的条款通过本规程的引用而成为本规程的条款。

GB 4285　农药安全使用标准

GB/T 8321　农药合理使用标准

GB 16715. 1—2010　瓜菜作物种子　第 1 部分：瓜类

NY/T 496—2002　肥料合理使用检测通则

NY 5010 无公害食品　蔬菜产地环境条件

NY 5294 无公害食品　设施蔬菜产地环境条件

3　产地环境

3. 1　产地环境

甜瓜生产的产地环境应符合 NY 5010 和 NY 5294 的要求。

3. 2　土壤条件

选择土层深度不少于 1. 0m，疏松，肥沃，有机质含量高，地下水位 2. 0m 以下，排灌方便，地势平坦的地块。

3. 3　水源条件

种植地近水源，可打井或从已有水源抽水灌溉。

3. 4　交通条件

选择交通方便，靠近公路的地方种植。

4　栽培模式

本技术为露地覆膜栽培模式。

5　生产技术

主要有播种和育苗移栽两种栽培方式。

5. 1　育苗移栽栽培方式

5. 1. 1　栽培季节

在东北地区春季低温稳定在 15℃ 以上时可进行育苗。育苗一般是 4 月中旬在温室或大棚内育苗，苗龄 20d 左右一叶一心就可于 5 月上旬进行大田定植。

5. 1. 2　种子

甜瓜的种子质量应符合 GB 16715. 1—2010 中杂交种二级以上指标。选择育苗移栽栽培方式时，育苗时应按需定植株数的 1. 2 倍准备种子。

5. 1. 3　育苗

（1）育苗地：选择避风、向阳、地势高、近水源、利于幼苗生长的小气候环境。

（2）育苗设施：早春利用日光温室、大棚或小拱棚等设施。

（3）育苗方式：营养钵育苗。

（4）播种期：育苗设施内的气温稳定在15℃以上，地温稳定在12℃以上时可以播种。为抢早上市，可采用地热线育苗、火炕育苗等方式。

（5）营养土配制：育苗所用营养土一般采用田土和腐熟的有机肥料配制而成，忌用菜园土或种过瓜类作物的土壤。按体积计算，田土和充分腐熟的厩肥或堆肥的比例为3：2或2：1，若用腐熟的鸡粪或人粪干，则可按5：1的比例混合。

（6）装营养钵：将营养土用8cm×8cm规格的营养钵装钵，营养土要装实，装至营养钵4/5的高度为宜，播种前2d备好。

（7）浸种催芽：用常温水将种子浸泡4~6h，将水倒掉，再用清水清洗种子，滤掉水；用杀菌1号/多菌灵溶液浸泡0.5h，给种子进行消毒杀菌；将干净的毛巾或纱布在清水里浸湿，挤掉多余的水分（毛巾的湿度以用力拧不出水滴为宜）后平展铺开，把消毒杀菌后的种子均匀摊开在毛巾或纱布上面（以种子互不重叠为度），铺好后将毛巾从一端慢慢卷起，用塑料袋装好放在28~30℃的环境中催芽。每天查看2~3次，种子胚根达种子长度的2/3时即可播种。因为天气等原因不能马上播种时，将种子用湿毛巾包好放在6~10℃的低温环境中使其生长速度减缓，天气转好后尽快播种。

（8）播种：避免在连续阴雨的天气播种。播种前一天将营养钵浇透水，播种时在营养钵的中央挖1.5cm深的种穴，将种子胚根向下、种子平放置于种穴内，每个营养钵播一粒发芽良好的种子，播后覆土1.0~1.5cm厚。

（9）苗期管理。

水肥：以少浇水为原则，在幼苗出现萎蔫等缺水症状时补充水分，浇水结合喷施农药或叶面肥进行，每10d喷一次0.2%的磷酸二氢钾。

温度：幼苗出土至子叶平展之前，白天温度控制在15~20℃；长出真叶后，温度控制在20~30℃；两片真叶后，温度控制在20℃左右。

病虫草害：及时拔除杂草，做好苗期病虫害的防治。

（10）壮苗指标：甜瓜的壮苗指标是叶片完好，叶色绿，下胚轴短而粗壮，无病虫害，无机械损伤，长势中等。

5.1.4　整地作畦及施基肥

（1）施基肥：移栽前20~30d，结合整地深翻撒施有机肥——豆粕（亩施50~100kg）。露地覆膜爬地栽培，畦宽为0.6~0.9m，行距为0.5~0.6m，畦高0.2~0.4m。平整畦面，移栽前先将全生育期1/2氮磷钾肥料均匀撒在畦面上，结合耙耱和土壤混合均匀或移栽前先将腐熟有机肥（以优质腐熟猪厩肥为例）3 000~4 000kg，氮肥（N）6kg，磷肥（P_2O_5）3kg，钾肥（K_2O）7.3kg，均匀撒在畦面上，结合耙耱和土壤混合均匀。施肥原则按NY/T 496—2002执行，根据土壤养分含量进行平衡施肥。一般中等肥力土壤条件下，按每生产1 000kg瓜需施用N 5.25kg，P_2O_5 2.55kg，K_2O 10.2kg（或全生育期需氮肥-N 10.5kg/亩，磷肥-P_2O_5 5.1kg/亩，钾肥-K_2O 20.4kg/亩），或使用按此折算的复混肥料。

（2）整地作畦：深翻土地25~30cm，平整后起畦开沟，露地地膜覆盖爬地栽培畦宽0.6~0.9m，行距0.35m，畦高0.2~0.4m。平整畦面，定植前3~7d盖好地膜。采用滴灌的栽培方式时，在盖地膜之前顺畦的走向在畦中间铺好滴灌带。宜采用银黑双色地膜栽培。

5.1.5　定植

（1）定植时间：温度稳定在15℃以上可定植。定植选在晴天或多云无风的下午进行。

（2）定植规格：双行栽培折合株行距0.4m×（0.8~0.9）m。

（3）定植方法：定植前一天，将育苗的营养钵浇透水。按预定株行距挖直径10cm、深10cm的定植穴，选合格壮苗每穴放一株，定植时用手指挤捏营养钵的底部将苗坨完整取出，端正的放在定植穴中，回土盖过苗坨1~2cm，稍稍压实，及时淋足定根水。

5.2　露地覆膜栽培方式

5.2.1　栽培季节

在东北地区春季低温稳定在15℃以上时可播种。

5.2.2　整地施肥

因为甜瓜连作发生枯萎病为害严重，甜瓜栽培宜实行3~5年以上轮作，忌连作。瓜地前茬作物以小麦、玉米、高粱最好，不宜选用瓜类或菜类。选好的瓜田在播种前20~30d进行深耕耙耱，深翻土地25~30cm，并结合整地深翻施用有机肥——豆粕（施用量为50~100kg/亩）。

深翻土地平整后起畦开沟（露地覆膜爬地栽培，畦宽为0.6~0.9m，行距为0.5~0.6m，畦高0.2~0.4m）。平整畦面，播种前先将全生育期需肥量的1/2氮磷钾肥料均匀撒在畦面上，结合耙耱和土壤混合均匀。施肥原则按NY/T 496—2002执行，根据土壤养分含量进行平衡施肥。一般中等肥力土壤条件下，按每生产1 000kg瓜需施用N 10.5kg/亩，P_2O_5 5.1kg/亩，K_2O 20.4kg/亩，或使用按此折算的复混肥料。

采用滴灌方式时，在盖地膜之前顺畦的走向在畦中间铺好滴灌带。宜采用银黑双色地膜栽培。

5.2.3　播种

甜瓜的种子质量和前处理方法参照5.1.2。

北方露地覆膜甜瓜栽培的播种方式多采用锄开穴方式。10~15cm深，将种子均匀散开播入穴内，每穴5~8粒，用手轻压，使种子与土壤紧密接触，然后覆土1~1.5cm；接着再撒入毒饵或用药喷洒，以防治地下害虫，同时再喷乙草胺除草剂，而后覆膜。

5.2.4　播种后苗期管理

穴播后，幼苗可在膜下生长10~20d。当苗顶住地膜时要及时放苗，以防烫苗。放苗时若土壤墒情较差，可顺苗根灌入适量水，水中可加入少量氮肥。然后在苗根周围培土，以防风吹膜动而伤苗。在放苗同时用断头法进行疏苗，一般每穴留2~3苗，以培养壮苗。待气温稳定后，定苗并培土。当苗龄五叶一心时进行摘心，每穴留2~3条子蔓，因甜瓜结实雌花一般着生在子蔓和孙蔓上，当子蔓长到40~45cm时，再摘心和子叶生长点。

5.3　伸蔓期管理

（1）温度管理：采用露地覆膜爬地栽培时，白天温度控制在20~25℃。

（2）水肥管理：育苗移栽栽培时，缓苗后浇一次缓苗水，水要浇足；如果土壤墒情良好开花坐果前不再浇水，如果确实干旱，可在瓜蔓长30~40cm时再浇一次小水。为促进植株营养面积迅速形成，在伸蔓初期结合浇缓苗水每亩追施速效氮肥（N）5kg。

（3）沟施追肥方法：在甜瓜两棵苗中间开一条深10cm、宽10cm、长40cm左右的追肥沟，施肥后踩实。施化肥沟可小些，深5~6cm、宽7~8cm、长30cm左右即可。每亩施用全生育期1/2的氮肥量和1/4的磷钾肥量。

5.4　开花坐果期管理

（1）温度管理：采用设施栽培的，白天棚内温度控制在30℃，夜间温度控制不低于15℃。

（2）水肥管理：不追肥，严格控制浇水。在土壤墒情差到影响坐果时，可浇小水。

（3）辅助授粉或激素调控：每天上午9：00以前摘取开放的雄花，将花冠去掉，用雄花的雄蕊轻轻在雌花的柱头上均匀涂抹，或用毛笔在两性花的雄蕊和柱头上轻轻地来回刷动，使花粉均匀分布在柱头上。若外界温度较低，可用200~400倍液坐瓜灵喷（或蘸）两性花促进坐果，使用时一定注意浓度，宁稀勿浓。

（4）沟施追肥方法：追肥沟参照5.3（3）的方法。每亩施用全生育期1/4的磷钾肥量。

5.5　果实膨大期和成熟期管理

（1）留瓜：当幼瓜长至鸡蛋大时疏果，每条蔓上留一个长势旺、果形端正、无病虫害和机械伤的幼瓜，其余的摘掉。

（2）打杈打顶：定瓜后将未坐住瓜的蔓打掉，主蔓留2~4片叶子打顶，并及时摘除植株基部的枯黄老叶和病叶。

（3）水肥管理：在幼果鸡蛋大小时浇第一次水，以后视土壤墒情再浇1~2次小水。甜瓜植株后期容易早衰，为防早衰，结合第一次水应每亩追施75kg饼肥。

7　灌区西瓜氮素营养诊断与推荐施肥技术规程

1　范围

本规程规定了西瓜垄膜沟灌高效栽培技术在年降水量低于 200mm 及其相似区域的西瓜生产管理。本规程适用于河西绿洲灌区、沿黄灌区及其他相似生态类型区的灌溉地。

2　规范性引用文件

下列文件对于本文件的应用是必不可少的，凡是注日期的引用文件，仅注日期的版本适用于本文件，凡是不注日期的引用文件，其最新版本（包括所有的修改单）适用于本文件。

GB 5084　农田灌溉水质标准

GB/T 8321　农药合理使用准则（所有部分）

GB 16715.1　瓜菜作物种子　瓜类

NY/T 496　肥料合理使用准则　通则

NY 5010　无公害食品　蔬菜产地环境条件

3　术语和定义

下列术语和定义适用于本规程。

垄作沟灌：改传统平作为地面起垄，垄上覆膜种植，沟内灌水并通过侧渗供给作物需水的一种耕作方法。

4　环境条件

产地环境质量符合 NY 5010 无公害食品蔬菜产地环境条件的要求。

4.1　光照

全生育期需要光照 1 100~1 500h。

4.2　温度

全生育期需要≥10℃活动积温 2 500~3 000℃。

5　产量及节肥指标

5.1　产量指标

西瓜产量 90 000~120 000kg/hm^2。

5.2　产量构成

保苗密度 1.6 万~1.8 万株/hm^2，单瓜重 5.0~7.5kg。

5.3　增产节肥指标

与传统施肥相比，西瓜增产 3%，节肥 15%，氮肥利用率提高 5%。

6　栽培技术

6.1　选地与整地

6.1.1　选地

选择前茬为小麦、大麦、马铃薯、豆类、油料、坡降≤1‰的地块，避免与甜瓜或其他瓜类连作，重茬2年以上必须做土壤处理。

6.1.2 整地

播前结合施基肥浅耕一次，耕深15~18cm，耕后及时耙耱，镇压保墒，要求地平、土绵、墒足，地面无土块和竖立草根。

6.2 种子准备

6.2.1 种子质量

种子符合GB 16715.1瓜菜作物种子瓜类质量标准要求。

6.2.2 品种选择

金城5号。

6.2.3 种子处理

播前对种子进行精选，选择籽粒饱满的种子，晒种1~2d，以提高种子发芽力和发芽势。然后选用50%多菌灵可湿性粉剂600倍液浸种30min，再用清水冲洗晾干。

6.3 开沟起垄覆膜

于西瓜播种前5~7d用开沟覆膜施肥一体机作业，垄面宽200cm，沟宽40cm，沟深30cm，用幅宽140cm、厚度0.01mm的地膜覆盖垄沟和沟两侧垄面。

6.4 播种

6.4.1 播种期

在4月下旬，当5~10cm土层地温稳定在12℃以上时开始播种，播期以西瓜出苗后能避开晚霜危害为宜。

6.4.2 种植规格

垄面膜下种植2行西瓜，株距45~50cm，密度1.6万~1.8万株/hm^2，播种穴距垄边缘15~20cm。

6.4.3 播种方式

根据株距调整打孔机打孔间距，在膜面打孔，孔深4~5cm。然后人工点播，每穴1~2粒种子，播后先用细砂覆盖，再用土封严膜孔。

7 施肥

肥料施用依照NY/T 496肥料合理使用准则通则进行。

7.1 施基肥

播前结合整地深施农家肥45 000~60 000kg/hm^2，P_2O_5 12~16kg/hm^2，K_2O 85~112kg/hm^2，不施氮肥。

7.2 追肥

西瓜出苗或移栽后每7d用SPAD-502测定一次指定部位的*SPAD*值（苗期为顶一叶的叶尖、伸蔓期顶三叶的叶中、膨果期功能叶叶中），选择晴朗无云天气，测定前叶片用去离子水洗净，棉布拭干。测定时段为上午10：00—12：00，测定株数为15~20株，取平均值作为衡量指标。

将西瓜叶片特定生育时期的*SPAD*实测值与*SPAD*阈值相比较（团棵期*SPAD*值50.1；伸蔓期*SPAD*值62.4；膨果期*SPAD*值66.2），当*SPAD*实测值低于*SPAD*阈值时，追施氮肥，否则不施氮肥。

$$N_d = (SPRD_1 - SPAD_0) \times N_{SPAD}$$

式中，N_d为各生育阶段追氮量，$SPRD_1$为 SPAD 阈值，$SPRD_0$为 SPAD 实测值，N_{SPAD}为各生育期 SPAD 值变动 1 个单位的施肥量（苗期 31.95kg/hm^2、伸蔓期 30.96kg/hm^2、膨果期 50.51kg/hm^2）并以此进行西瓜氮肥推荐。

8 灌水

灌溉水应符合 GB 5084 农田灌溉水质标准的要求。

8.1 灌溉定额

生育期间灌溉定额为2 690～3 050m^3/hm^2。

8.2 灌水次数及灌水时间

覆膜前灌水 450m^3/hm^2，灌水后晾晒 2～3d。苗期灌头水，灌水量为 400～450m^3/hm^2。开花至坐果期灌第二水，灌水量为 270～300m^3/hm^2，膨瓜期灌第三至第七水，每 7～10d 灌水一次，每次灌水量为 350～400m^3/hm^2，至成熟前灌第八水，灌水量为 270～300m^3/hm^2，灌水时，入沟流量不宜太大，以不漫垄为宜。头茬瓜采收前 10d 停止灌水。

9 田间管理

9.1 苗期管理

9.1.1 破除板结和地膜检查

出苗前，检查盖膜孔的土是否出现板结，如有板结，要及时破除。地膜若被撕烂或被风刮起，要及时用土压严。

9.1.2 查苗与补苗

出苗后，田间逐行检查并放苗，对缺苗要及时进行补苗。具体做法是选用早熟品种催芽补种，或结合间苗在苗多处带土挖苗，在缺苗处坐水补栽。

9.1.3 间苗

在西瓜 3 叶期定苗，定苗时留生长健壮的高大苗，拔除长势不好的弱苗、病苗，每穴留苗 1 株。

9.2 整枝摘心

采用双蔓整枝法。

9.3 定瓜

幼瓜长到鸡蛋大小时定瓜，选瓜形整齐、美观、无病伤、个体较大的瓜，每株留 1 个。

10 病虫害防治

灌区西瓜生育期内主要病虫草害有白粉病、枯萎病、炭疽病、病毒病、猝倒病、蔓枯病、霜霉病、瓜蚜、黄守瓜、白粉虱、红蜘蛛和杂草，采用农业防治与化学农药防治相结合的无害化治理原则。

10.1 白粉病

用 20%三唑酮可湿性粉剂1 200g/hm^{2}兑水 450～750kg 喷雾防治。病害流行期间每隔 7~10d 喷药 1 次，连喷 2~3 次。

10.2　枯萎病

用 70%甲基硫菌灵可湿性粉剂 800 倍液灌根，每穴 250mL。

10.3　炭疽病

用 70%甲基硫菌灵可湿性粉剂 500 倍液喷雾，发病期间间隔 10d 喷药 1 次，连续使用 3 次。

10.4　病毒病

用 2.5%氯氟氰菊酯乳油 1 000~2 000 倍液喷雾，发病期间间隔 7d 喷药 1 次，连续使用 2 次。

10.5　红蜘蛛

用 20%甲氰菊酯乳油 1 000~1 500 倍液喷雾防治。

10.6　地下害虫

播种或移栽前用 50%辛硫磷乳油 3 750~4 500mL/hm^2 兑水 450~600kg 进行土壤处理。

11　采收

按果实形态识别，当果皮颜色变深、果柄茸毛脱落、着瓜节位卷须干枯、用手敲击作嘭嘭响时，为成熟瓜，即可采收。采收时间宜选择晴天下午进行，不采雨水瓜和露水瓜，久雨初晴不宜采瓜。采收时轻拿轻放，减少机械损伤。

8　灌区甜瓜垄作沟灌化肥减施栽培技术规程

1　范围

本规程规定了甜瓜垄膜沟灌高效栽培技术在年降水量低于200mm及其相似区域的甜瓜生产管理。本规程适用于河西绿洲灌区、沿黄灌区及其他相似生态类型区的灌溉地。

2　规范性引用文件

下列文件对于本文件的应用是必不可少的，凡是注日期的引用文件，仅注日期的版本适用于本文件，凡是不注日期的引用文件，其最新版本（包括所有的修改单）适用于本文件。

GB 5084　农田灌溉水质标准

GB/T 8321　农药合理使用准则（所有部分）

GB 16715.1　瓜菜作物种子　瓜类

NY/T 496　肥料合理使用准则　通则

NY 5010　无公害食品　蔬菜产地环境条件

NY 5109　无公害食品　甜瓜

3　术语和定义

下列术语和定义适用于本规程。

3.1　半膜覆盖

在沟底和沟的两侧进行地膜覆盖的栽培技术。

3.2　垄作沟灌

改传统平作为地面起垄，垄上覆膜种植，沟内灌水并通过侧渗供给作物需水的一种耕作方法。

4　环境条件

产地环境质量符合NY 5010无公害食品蔬菜产地环境条件的要求。

4.1　土壤肥力

有机质含量6g/kg以上，碱解氮含量60mg/kg以上，速效磷含量5mg/kg以上，速效钾含量100mg/kg以上，pH值6.0~8.0，土壤含盐量≤3g/kg。

4.2　气象条件

4.2.1　光照

全生育期需要光照1 100~1 500h。

4.2.2　温度

全生育期需要≥10℃活动积温2 500~3 000℃。

5　产量、品质及节水节肥指标

5.1　产量指标

甜瓜产量40 000~55 000kg/hm^2，较传统栽培甜瓜增产6%~12%。

5.2　产量构成

保苗密度 2.0 万~2.2 万株/hm^2，单瓜重 2.0~2.5kg。

5.3　品质指标

甜瓜中心可溶性固形物含量为 13.3%~17.2%，边缘可溶性固形物含量为 10.4%~13.9%，可溶性糖含量为 11.8%~12.5%，维生素 C 含量为 7.2~7.9mg/100g，有效酸度为 5.7~5.9。

5.4　节水指标

与传统栽培相比，节水 15%以上。

5.5　节肥指标

与传统栽培相比，化肥总养分投入量减少 25%~30%，肥料利用率提高 9%~15%。

6　栽培技术

6.1　选地与整地

6.1.1　选地

选择前茬为小麦、大麦、马铃薯、豆类、油料作物且坡降≤1‰的地块，避免与甜瓜或其他瓜类连作，重茬 2 年以上必须做土壤处理。

6.1.2　整地施肥

深耕后及时耙耱，镇压保墒，要求地平、土绵、墒足，地面无土块和竖立草根。

6.2　种子准备

6.2.1　种子质量

种子符合 GB 16715.1 瓜菜作物种子瓜类质量标准要求。

6.2.2　品种选择

选用银帝、西州蜜 25、金红宝等抗病、耐旱、外观和内在品质好符合市场消费需求的品种。

6.2.3　种子处理

播前对种子进行精选，选择籽粒饱满的种子，晒种 1~2d，以提高种子发芽力和发芽势。然后选用 50%多菌灵可湿性粉剂 600 倍液浸种 30min，再用清水冲洗晾干。

6.3　施肥、开沟起垄、覆膜

甜瓜播种或定植前 5~7d，利用施肥开沟覆膜覆土复式作业机进行施肥、开沟、覆膜作业。将西甜瓜硫基长效肥装入肥料箱，并调节机械技术参数，使施肥深度达到 15cm，施肥量为 40kg/亩，垄面宽 200cm，沟宽 40cm，沟深 30cm。

6.4　播种

6.4.1　播种期

在 4 月下旬，当 5~10cm 土层地温稳定在 12℃以上时开始播种，播期以甜瓜出苗后能避开晚霜危害为宜。

6.4.2　种植规格

垄面膜下种植 2 行甜瓜，株距 45~50cm，密度 2.0 万~2.2 万株/hm^2，播种穴距垄边缘 15~20cm。

6.4.3　播种方式

根据株距调整打孔机打孔间距，在膜面打孔，孔深4~5cm。然后人工点播，每穴1~2粒种子，播后先用细砂覆盖，再用土封严膜孔。

7　施肥

肥料施用依照NY/T 496肥料合理使用准则通则进行。

7.1　施基肥

结合整地施优质发酵农家肥（猪粪或牛粪）2 500kg/亩，或精制商品有机肥200kg/亩，施肥后深翻土壤20cm；结合开沟起垄施西甜瓜硫基长效肥40kg/亩，施肥深度为15cm。

7.2　追肥

甜瓜膨果初期结合灌溉施平衡型水溶肥（$N-P_2O_5-K_2O=20-20-20$）15kg/亩。

8　灌水

灌溉水应符合GB 5084农田灌溉水质标准的要求。

8.1　灌溉定额

生育期间灌溉定额为2 690~3 050m^3/hm^2。

8.2　灌水次数及灌水时间

覆膜前灌水450m^3/hm^2，灌水后晾晒2~3d。苗期灌头水，灌水量为400~450m^3/hm^2。开花至坐果期灌第二水，灌水量为270~300m^3/hm^2，膨瓜期灌第三至第七水，每7~10d灌水一次，每次灌水量为350~400m^3/hm^2，至成熟前灌第八水，灌水量为270~300m^3/hm^2，灌水时，入沟流量不宜太大，以不漫垄为宜。

9　田间管理

9.1　苗期管理

9.1.1　破除板结和地膜检查

出苗前，检查盖膜孔的土是否出现板结，如有板结，要及时破除。地膜若被撕烂或被风刮起，要及时用土压严。

9.1.2　查苗与补苗

出苗后，田间逐行检查并放苗，对缺苗要及时进行补苗。具体做法是选用早熟品种催芽补种，或结合间苗在苗多处带土挖苗，在缺苗处坐水补栽。

9.1.3　间苗

在甜瓜3叶期定苗，定苗时留生长健壮的高大苗，拔除长势不好的弱苗、病苗，每穴留苗1株。

9.2　整枝摘心

在开花期，坐瓜前后抓紧时间整枝打顶，控制枝蔓生长，促进坐瓜。整枝采用二蔓式整枝法。

二蔓式整枝法：主蔓4~5叶时留3叶摘心，摘除第1条子蔓；当子蔓长到20~30cm时，摘除第1条孙蔓；当子蔓长到10~12片叶时摘心打顶，孙蔓不摘心，留其有结实花的孙蔓，摘除无结实花的孙蔓。整枝摘心必须及时，而且要连续进行，不能延误，一直到瓜坐定后进入膨大期方可停止。整枝摘心应在午后进行，防止枝、叶折断，注意不要碰伤幼瓜。

9.3　定瓜

幼瓜长到鸡蛋大小时定瓜，选瓜形整齐、美观、无病伤、个体较大的瓜每株留 1 个，其余全部摘除。选留的瓜应留第 2 或第 3 条子蔓中部的第 2 或第 3 条孙蔓上结的瓜。选留的瓜要放顺放好，不要使瓜蔓压在瓜上。

10　病虫害防治

灌区甜瓜生育期内主要病虫草害有白粉病、枯萎病、炭疽病、病毒病、猝倒病、蔓枯病、霜霉病、瓜蚜、黄守瓜、白粉虱、红蜘蛛和杂草，采用农业防治与化学农药防治相结合的无害化治理原则。

10.1　白粉病

用 20%三唑酮可湿性粉剂 1 200g/hm^{2}兑水 450~750kg 喷雾防治。病害流行期间每隔 7~10d 喷药 1 次，连喷 2~3 次。

10.2　枯萎病

用 70%甲基硫菌灵可湿性粉剂 800 倍液灌根，每穴 250mL。

10.3　炭疽病

用 70%甲基硫菌灵可湿性粉剂 500 倍液喷雾，发病期间间隔 10d 喷药 1 次，连续使用 3 次。

10.4　病毒病

用氯氟氰菊酯 2.5%乳油 1 000~2 000 倍液喷雾，发病期间间隔 7d 喷药 1 次，连续使用 2 次。

10.5　红蜘蛛

用 20%甲氰菊酯乳油 1 000~1 500 倍液喷雾防治。

10.6　地下害虫

播种或移栽前用 50%辛硫磷乳油 3 750~4 500mL/hm^{2}兑水 450~600kg 进行土壤处理。

11　采收

果皮颜色充分表现出该品种特征特性，瓜柄附近茸毛脱落，瓜顶脐部开始变软，果蒂周围形成离层产生裂纹时即可采收，采收时注意留下 10~15cm 的蔓与果柄。

甜瓜产品质量符合 NY 5109 无公害食品甜瓜标准要求。

12　清除残膜

收获后挖去甜瓜残根，用废膜捡拾机或人工清除废膜，平整土地。

9　砂田嫁接西瓜膜下滴灌水肥一体化技术规程

1　范围

本标准规定了砂田西瓜膜下滴灌水肥一体化栽培的术语与定义、滴灌施肥系统组成及西瓜的播前准备、播种、田间管理及采收等内容。

本标准适用于平均年降水量250mm左右有灌溉水源的砂田区及相似生态类型区。

2　规范性引用文件

下列文件对于本文件的应用是必不可少的，凡是注日期的引用文件，仅注日期的版本适用于本文件，凡是不注日期的引用文件，其最新版本（包括所有的修改单）适用于本文件。

GB 16715.1　瓜菜作物种子　瓜类

GB 5084　农田灌溉水质标准

GB/T 8321　农药合理使用准则（所有部分）

NY/T 496　肥料合理使用准则　通则

NY 5110　无公害食品　西瓜产地环境条件

3　术语和定义

下列术语和定义适用于本标准。

3.1　砂田

地表铺盖了一层厚度6~15cm粗砂砾或卵石夹粗砂的田地。

3.2　水肥一体化

水肥一体化又称微灌施肥，是借助微灌系统，将微灌和施肥结合，以微灌系统中的水为载体，在灌溉的同时进行施肥，实现水和肥一体化利用和管理，使水和肥料在土壤中以优化的组合状态供应给作物吸收利用。

4　水肥一体化技术要求

4.1　微灌施肥系统组成

微灌施肥系统由水源、首部枢纽、输配水管网、灌水器4部分组成。

4.1.1　水源

应符合GB 5084国家农田灌溉水质标准的要求。

4.1.2　首部枢纽

首部枢纽包括水泵、过滤器、施肥器、控制设备和仪表等。

4.1.2.1　水泵

根据水源状况及灌溉面积选用适宜的水泵种类和合适的功率。

4.1.2.2　过滤器

一般选用筛网过滤器、叠片过滤器。过滤器尺寸根据棚内滴灌管的总流量来确定。

4.1.2.3　施肥器

施肥器可选择压差式施肥罐或文丘里注入器。

4.1.2.4 控制设备和仪表

系统中应安装阀门、流量和压力调节器、流量表或水表、压力表、安全阀、进排气阀等。

4.1.3 输配水管网

输配水管网是按照系统设计，由干管、支管和毛管组成。支管和毛管采用 PE 软管，支管壁厚 2~2.5mm，直径为 32mm 或 40mm。毛管壁厚 0.2~1.1mm，直径为 8~16mm。

4.1.4 灌水器

灌水器采用内镶式滴管带。流量为 1~3L/h，滴头间距为 40cm。

4.2 微灌施肥系统使用

4.2.1 使用前冲刷管道

使用前，用清水冲洗管道。

4.2.2 施肥后冲刷管道

施肥后，用清水继续灌溉 15min。

4.2.3 系统维护

每 30d 清洗肥料罐一次，并依次打开各个末端堵头，使用高压水流冲洗主管、支管。灌溉施肥过程中，若供水中断，应尽快关闭施肥装置进水管阀门，防止含肥料溶液倒流。大型过滤器的压力表出口读数低于进口压力 0.6~1 个大气压时清洗过滤器，小型过滤器每 30d 清洗 1 次。

5 播前准备

5.1 产地环境条件

产地符合 NY 5110 无公害食品西瓜产地环境条件要求。

5.2 选地

选择砂龄 20 年之内、地力基础较好、地面平整、土层深厚的地块，前茬以豆类和辣椒种植为佳。

5.3 种子准备

5.3.1 品种选择

西瓜品种选用中晚熟且抗逆性强的金城 5 号、西沙瑞宝、金花 1 号等；砧木选择京欣砧 2 号。

5.3.2 种子质量

种子应符合 GB 16715.1 瓜菜作物种子瓜类质量标准要求。

5.3.3 种子处理

用杀菌剂 1 号 200 倍液（现配现用），浸泡西瓜种子 1h（没过种子为宜），然后用清水冲洗 4~5 次，每次用水量约为药剂用量的 10 倍为好，每次用水浸泡时间为 10min 左右。或流水冲洗 30min，冲洗过程中不断搅拌种子。清洗好的种子可以催芽播种。

5.4 嫁接育苗

5.4.1 播种期

在 3 月中上旬播种，砧木一般比接穗早播 7d。

5.4.2　苗床准备

采用日光温室集中育苗，育苗床须加地热线或其他加热设备。地热线布线时苗床两侧布的稍密，两线间距为5~7cm，中间稍稀，两线间距为8~10cm。

5.4.3　营养土配制

营养土由田土、有机肥、无机肥和消毒剂配合而成。选用肥沃田土7份、土杂粪2份、充分腐熟的有机肥（牛、羊或鸡粪为好）1份，1m^{3}营养土加500g磷酸二铵、150g多菌灵，混合均匀，过筛后装入营养钵。

5.4.4　种子准备与催芽

先用30℃温水浸种5~8h，取出浸泡的种子后，沥尽水分，用干净湿布包裹，催芽温度为28~32℃，种子露白时，播种于营养钵育苗。

5.4.5　播种和苗床管理

播种前将苗床加热至30℃，以后以25~30℃为宜，不得低于20℃。先给苗床内营养钵灌足底水，待水下渗后将催了芽的种子放入营养钵，上覆2cm厚营养土，用塑料薄膜覆盖保湿，待80%种子出苗后揭去薄膜，出苗后的温度白天以22~25℃、夜间以18~22℃为宜。

5.4.6　嫁接

在砧木的第1片真叶刚出现，接穗子叶展开而没有出现真叶为嫁接的最佳时期。嫁接前3~4d对嫁接苗床浇1次透水。选择气温、空气湿度相对适应的场所进行嫁接。嫁接前1~2d在苗床喷洒百菌清、多菌灵等农药加新高酯膜进行消毒。先用刀片轻轻地将砧木顶端的生长点去掉，再用锋利的竹签从切口处，斜向下45°左右插竹签0.8~1cm深，然后将接穗下胚轴切成长0.5~0.8cm的楔形，最后将插接穗插至砧木上即可，注意使接穗子叶与砧木子叶成“十”字形。

5.4.7　嫁接苗管理

嫁接苗置于保湿小拱棚内，3d内保持95%的湿度，白天温度保持在25~28℃，夜间18~20℃。4d后小通风，8d后可揭膜炼苗。炼苗方法：逐渐打开育苗温室前风口，使温室内温度接近外界温度，夜间温度保持在8~10℃，让西瓜苗及早适应早春低温环境，提高幼苗的耐低温能力；25d左右进入三叶一心期即可定植。

6　定植移栽

6.1　定植期

在4月中旬开始定植，定植期以避开晚霜危害为宜。

6.2　定植规格

西瓜株距120cm，行距160cm，定植密度为350株/亩。

6.3　定植方式

定植前人工用铲子或专业抛砂机械在砂层上方扒开见方为20cm×20cm的砂穴，然后用打孔器在预留播种穴上方打孔，孔深5cm左右。选择生长健壮、叶色浓绿且无病虫害的西瓜嫁接苗小心地从营养钵中带营养土取出移栽到播种穴中，并挤压播种穴周围的土壤使之与营养土结合。

6.4 铺管覆膜

西瓜苗定植后，利用铺管覆膜一体机进行作业，每条西瓜种植行铺设一条滴灌带，再用幅宽 120cm、厚度 0.01mm 的地膜覆盖种植行。

7 田间管理

7.1 放苗封孔

幼苗顶膜时，用刀片将地膜划成“十”字形，将幼苗从地膜下轻轻放出，放苗后先用大砂砾将播种穴上方的地膜压入砂穴，再用细砂封平孔口，以利于增温保墒集雨。

7.2 压蔓

当主蔓长至 40cm 以上时，将蔓头调向南或偏南方向，每隔 4~5 节压 1 次，共压 3 次，防止北风吹乱秧蔓。

7.3 疏果、垫瓜

当西瓜长至鸡蛋大时要及时疏果，摘除畸形果，一般选留主蔓第 2~3 雌花结的周正果 1 个。为保证瓜皮色泽一致，商品性好，坐果 15~20d 后应及时翻瓜垫瓜，翻动 3~4 次，翻瓜应在下午进行。

7.4 水肥管理

肥料施用依照 NY/T 496 肥料合理使用准则进行。

7.4.1 定植前

西瓜苗定植前 10~15d，利用施肥机施入基肥，施肥量为商品有机肥 600kg/亩，西甜瓜稳定性复合肥（$N-P_2O_5-K_2O=21-14-16$）40kg/亩。

7.4.2 定植期

定植后应及时滴灌一次缓苗水，每亩灌水量 1.0~1.5m^3。

7.4.3 伸蔓期

西瓜伸蔓期即主蔓长 50~60cm 时，结合滴灌进行施肥，灌水量为 20~23m^3/亩，施肥量为平衡型水溶肥（$N-P_2O_5-K_2O=20-20-20$）5kg/亩，肥料使用前先用大桶溶解，取其上清液加入施肥罐后进入滴灌系统。

7.4.4 膨果期

西瓜膨果初期，结合滴灌进行施肥，灌水量为 32~35m^3/亩，施肥量为高钾型水溶肥（$N-P_2O_5-K_2O=15-5-40$）5kg/亩。

7.5 病虫草害防治

砂田西瓜生育期内的主要病虫害是炭疽病、枯萎病和瓜蚜，应采用农业防治与化学农药防治相结合的原则。

7.5.1 农业防治

坚持合理轮作，保证轮作年限；加强田间管理，使用腐熟农家肥；及时拔除并销毁田间发现的重病株和杂草，防止蚜虫和农事操作时传播。

7.5.2 化学农药防治

施用化学农药防治时，药剂使用严格按照 GB/T 8321 农药合理使用 500 倍液喷雾 2~3 次，每间隔 10d 左右喷一次。

炭疽病：采用 70%甲基硫菌灵可湿性粉剂 800 倍液或 70%代森锰锌 500 倍液喷雾

2~3 次，每间隔 10d 左右喷一次。

枯萎病：采用 50%多菌灵可湿性粉剂 500 倍液或 70%甲基硫菌灵可湿性粉剂 800 倍液灌根 2~3 次，每间隔 10d 左右喷一次，施用量为 250mL/株。

瓜蚜：采用 40%氰戊菊酯乳油 6 000 倍液喷雾 2~3 次，每间隔 7d 左右喷一次。

8　采收

按果实形态识别，当果皮颜色变深、果柄茸毛脱落、着瓜节位卷须干枯、用手敲击作嘭嘭响时，为成熟瓜，即可采收。采收时间宜选择晴天下午进行，不采雨水瓜和露水瓜，久雨初晴不宜采瓜。采收时轻拿轻放，减少机械损伤。

10 砂田西瓜—大豆间作氮肥减施栽培技术规程

1 范围

本标准规定了砂田西瓜-大豆间作栽培技术的术语与定义、种植规格和栽培技术等内容。

本标准适用于平均年降水量约 250mm 以上的旱砂田区及相似生态类型区。

2 规范性引用文件

下列文件对于本文件的应用是必不可少的，凡是注日期的引用文件，仅注日期的版本适用于本文件，凡是不注日期的引用文件，其最新版本（包括所有的修改单）适用于本文件。

GB 16715.1—2010　瓜菜作物种子　瓜类

GB 4404.2—2010　粮食作物种子　豆类

NY/T 391—2013　绿色食品　产地环境质量

NY/T 393—2013　绿色食品　农药使用准则

NY/T 394—2013　绿色食品　肥料使用准则

3 术语和定义

下列术语和定义适用于本标准。

3.1　砂田

地表铺盖了一层厚度 6~15cm 粗砂砾或卵石夹粗砂的田地。

3.2　相似生态类型区

相似生态类型区指海拔高度、气温、日照数、降水量等气象条件与陇中砂田区相近的区域。

4 增产与节肥指标

与西瓜单作相比，西瓜增产 6%~10%，氮肥减施 25%~30%。

5 播前准备

5.1　产地环境条件

产地符合 NY/T 391—2013 中产地环境条件要求。

5.2　选地与整地

5.2.1　选地

选择砂龄 20 年之内、地力基础较好、地面平整、土层深厚的地块，前茬以甜瓜或辣椒种植为佳。

5.2.2　整地施肥

于前一年 10—11 月，按照砂田西瓜种植规格即窄行 0.6m、宽行 0.9m，将窄行砂砾扒到宽行，扫净窄行砂砾，每亩基施腐熟有机肥料（猪粪、鸡粪或牛粪等）1 500~2 000kg，深翻 20~30cm 后及时耙耱、镇压土壤，最后将砂砾还原覆盖，在施肥行做好标记。西瓜播种前 15~20d，使用施肥耧每亩基施西甜瓜稳定性复合肥（$N-P_2O_5-K_2O=21-14-16$）40kg。

5.3　种子准备

5.3.1　品种选择

西瓜种子选用金城5号、硒砂瑞宝、陇抗9号等中晚熟且抗逆性强的品种，大豆种子选用中黄30号、冀豆17号等抗逆性强的品种。

5.3.2　种子质量

西瓜种子应符合GB 16715.1瓜菜作物种子瓜类质量标准要求，大豆种子应符合GB 4404.2粮食作物种子豆类质量标准要求。

6　播种

6.1　播种期

西瓜于4月上旬播种，大豆于4月下旬至5月上旬播种。

6.2　播种方式

采用宽窄行种植，宽行100cm，窄行60cm，西瓜在窄行单排种植，株距120cm；大豆在宽行种植，穴距20cm。

播种时先用铲子在砂层上方扒开见方为15cm×15cm的砂穴，然后在土壤上轻铲开宽、深各1.5cm左右的播种穴，每穴播1~2粒种子，然后覆土1.5cm，稍压实后再覆2cm细砂。

下一年播种时，将西瓜种植行与大豆种植行互换倒茬。

6.3　播种密度

西瓜播种密度350株/亩左右，大豆播种密度5 000株/亩左右。

6.4　覆膜

西瓜播种后，用幅宽90cm、厚度0.01mm的地膜覆盖，将地膜两侧用砂石压紧，以密封保墒，并在膜面每隔2m左右压砂带。

7　田间管理

7.1　放苗封孔

幼苗出土顶膜时，用刀片将地膜划成“十”字形，将幼苗从地膜下轻轻放出，放苗后先用大砂砾将播种穴上方的地膜压入砂穴，再用细砂封平孔口，以利于增温保墒集雨。

7.2　查苗与补苗

出苗后，田间逐行检查，对缺苗要及时进行补苗。

7.3　西瓜压蔓

当西瓜主蔓长至40cm以上时，将蔓头调向南或偏南方向，每隔4~5节压1次，共压3次，防止北风吹乱秧蔓。

7.4　追肥

肥料施用依照NY/T 394—2013的规定进行。

7.4.1　西瓜追肥

西瓜膨果初期，每亩追施高钾型水溶肥（$N-P_2O_5-K_2O=12-6-42$）7kg/亩，距西瓜茎基部15cm处穴施。

7.4.2　大豆追肥

大豆前期长势较差时，在初花期每亩用尿素0.75kg，加磷酸二氢钾0.1kg，溶于

30kg 水中喷施。

7.5 西瓜疏果、垫瓜

当西瓜长至鸡蛋大时要及时疏果，摘除畸形果，一般选留主蔓第 2~3 雌花结的周正果 1 个。为保证瓜皮色泽一致，商品性好，坐果 15~20d 后应及时翻瓜垫瓜，翻动 3~4 次，翻瓜应在下午进行。

7.6 病虫害防治

7.6.1 西瓜病虫害防治

旱砂田西瓜生育期内的主要病虫害是炭疽病、枯萎病和瓜蚜，应采用农业防治与化学农药防治相结合的原则。

7.6.1.1 农业防治

坚持合理轮作，保证轮作年限；加强田间管理，使用腐熟农家肥；及时拔除并销毁田间发现的重病株和杂草，防止蚜虫和农事操作时传播。

7.6.1.2 化学农药防治

施用化学农药防治时，药剂使用严格按照 NY/T 393—2013 的规定执行。

炭疽病：采用 70%甲基硫菌灵可湿性粉剂 800 倍液或 70%代森锰锌 500 倍液喷雾 2~3 次，每间隔 10d 左右一次。

枯萎病：采用 50%多菌灵可湿性粉剂 500 倍液或 70%甲基硫菌灵可湿性粉剂 800 倍液灌根 2~3 次，每间隔 10d 左右一次，施用量为 250mL/株。

瓜蚜：采用 40%氰戊菊酯乳油 6 000 倍液喷雾 2~3 次，每间隔 7d 左右一次。

7.6.2 大豆病虫害防治

大豆病虫害主要是霜霉病和蚜虫，防治以农业措施为主，化学防治为辅。

7.6.2.1 农业防治措施

选用抗病品种，精选种子，剔除病粒，实行轮作。

7.6.2.2 化学防治措施

霜霉病：播前用 40%乙膦铝可湿性粉剂，或 25%甲霜灵可湿性粉剂按种子量的 5%拌种；田间发病时可用 40%乙膦铝可湿性粉剂 300 倍液，或 25%甲霜灵可湿性粉剂 800 倍液喷雾，用药量 40kg/亩左右。

蚜虫：采用 40%氰戊菊酯乳油 6 000 倍液喷雾 2~3 次，每间隔 7d 左右一次。

8 采收

8.1 西瓜采收

按果实形态识别，当果皮颜色变深、果柄茸毛脱落、着瓜节位卷须干枯、用手敲击作嘭嘭响时，为成熟瓜，即可采收。采收时间宜选择晴天下午进行，不采雨水瓜和露水瓜，久雨初晴不宜采瓜。采收时轻拿轻放，减少机械损伤。

8.2 大豆收获

当大豆叶片变黄开始脱落，豆荚变褐、籽粒变硬、有光泽时收获。

第二篇

西甜瓜农药减施
新技术、新产品和技术规程

西甜瓜农药减施新技术

1　西甜瓜果斑病分组快速诊断技术

【技术简介】西甜瓜果斑病菌存在多样性，各国学者分别对世界各地的西瓜噬酸菌株的种内遗传多样性进行了分析，将所有供试菌株分成了至少两个亚群。亚群Ⅰ的菌株主要分离自甜瓜及南瓜等寄主，亚群Ⅱ的菌株主要分离自西瓜。西瓜噬酸菌两个亚群的菌株在致病力和抗铜性等方面存在很多差异。亚群Ⅰ的菌株对硫酸铜的敏感性明显低于亚群Ⅱ的菌株。因此，快速准确地区分亚群Ⅰ和亚群Ⅱ菌株在该病害的综合防治中有着非常重要的意义。

目前，西瓜噬酸菌的检测技术主要是种间水平上的检测技术，亚群的检测技术较少。西甜瓜果斑病菌 *pilA* 基因之间存在较大的序列差异，根据其序列差异可以将西瓜噬酸菌分为3个组，并且与之前报道的西瓜噬酸菌种内的分类相似度极高，我们根据3种不同的 *pilA* 基因的差异设计特异性引物，用于快速检测区分3种不同类型的果斑病菌株，为西甜瓜田间化学药剂防治提供理论指导，减少铜制剂的滥用。

【技术操作关键要点】

（1）待检测样品的预处理

待检测种子的预处理。取1.5mL ddH_2O 于2mL离心管中，放入1粒待检测的西瓜/甜瓜种子，28℃ 200r/min振荡培养1h。取上清液作为待测PCR模板，备用。

待检测病叶/果实组织的预处理。剪取西瓜/甜瓜叶片病健交界处 $1cm^2$ 的叶片，或疑似发病的甜瓜剪取 $1cm^2$ 果实。75%酒精消毒2min，无菌水清洗3次，放入2mL离心管中，加入800μL无菌水，玻璃棒充分研磨后静置30min，取上清液，PCR扩增。

（2）PCR引物组合

西瓜噬酸菌分组特异性引物序列

引物	序列（5′-3′）	PCR产物长度（bp）	分组情况
BFB	ATGAAGCGTACTGTTCAG	348	Ⅰ组
BFB1	ACCATCGATATTAGCATC		
BFB	ATGAAGCGTACTGTTCAG	507	Ⅱ组
BFB2	TTAAGGAGCAAACGTGC		
BFB	ATGAAGCGTACTGTTCAG	685	Ⅲ组
BFB3	CAGAATCGAATCGTGCC		

（3）PCR反应体系

采用12.5μL的PCR反应体系，配比如下：2×PCR Mix 6.25μL；BFB/BFB1/BFB2/

BFB3 各 0.5μL；模板菌液 0.5μL；ddH_2O 补足至 12.5μL。

（4）PCR 扩增条件

94℃ 2min；94℃ 15s，54℃ 30s，72℃ 45s，30 个循环；72℃延伸 2min；4℃保存。PCR 扩增后，取 4μL 扩增产物加 1μL 加样缓冲液在 1.5%琼脂糖凝胶上电泳，用 1×TAE 作为电泳缓冲液，100V 下电泳 45min，用 EB 染色，采用 Bio-Rad 公司的凝胶分析系统进行照相分析。

（5）检测结果

PCR 结果显示，对于不同的西甜瓜果斑病菌均可以扩增出单一的、清晰的条带，并且通过条带的大小可以清楚地区分不同组的西瓜噬酸菌菌株，该 PCR 扩增体系具有很好的特异性。

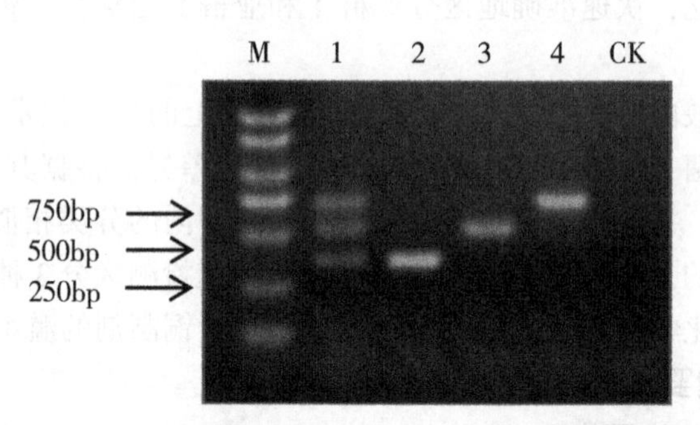

M—DNA marker M2000+；1—3 组菌株的混合样品；

2—Ⅰ组菌株；3—Ⅱ组菌株；4—Ⅲ组菌株；CK— ddH_2O

三组菌株的多重 PCR 检测结果

【注意事项】 需要一定的实验条件才能开展该病害分组的检测。

【适宜地区】 全国各地均适用。

【技术依托单位、联系方式】

依托单位：中国农业科学院植物保护研究所

联系方式：杨玉文　010-62816469

2　西甜瓜细菌性果斑病快速诊断与精准施药技术

【技术简介】 细菌性果斑病是一种严重为害葫芦科植物的世界性病害，是影响瓜类生产的主要病害之一。我国自 1988 年首次报道细菌性果斑病以来，在西甜瓜主产区均有发生，北方如新疆、内蒙古等地，南方如海南、福建等地，主要影响西甜瓜商品性，严重时可引起果实完全腐烂绝收。其特点是发病突然、发展迅速，是一种毁灭性的细菌性病害，给西甜瓜种植业造成巨大损失，已成为目前我国西甜瓜种植业生产上亟待解决的问题。细菌性果斑病是典型的种传细菌性病害，如不及时进行检测和灭菌处理，种子生产经营者和瓜农将面临经济损失的风险。另外，田间高温多雨潮湿的外界环境也是果斑病发生的主要诱导因素之一。因此，建立快速、准确的检测方法，以及有效的种子灭菌处理和生育期高效防控技术是防控此病的重要手段。西甜瓜细菌性果斑病快速诊断与精准施药技术由“瓜类细菌性果斑病快速诊断+种子处理+高效农药组合+精准高效喷雾装备”等技术集成，对西甜瓜细菌性果斑病采取综合措施进行防控，主要从源头种子进行控制，生产环节配套高效低毒杀菌剂进行预防为主的措施，对西甜瓜生产全程进行科学防控，建立高效、快速检测防治技术体系，对促进西甜瓜产业健康发展具有重要意义。2018—2020 年在北京、内蒙古、新疆、甘肃、辽宁等省（自治区、直辖市）示范推广西甜瓜果斑病快速诊断与精准施药技术累计 10.41 万亩，与当地传统西甜瓜果斑病喷药防治相比，化学农药平均减施 35%，农药利用率平均提高 12%，西甜瓜平均增产 3%。

【技术操作关键要点】

（1）胶体金试纸条的应用

瓜类细菌性果斑病胶体金试纸条可以直接使用叶片研磨液进行检测，简便快捷、特异性好，非常适宜基层实验室和田间快速检测。取疑似病叶 0.5g 于样品袋，加入 3~4 滴管提取液，充分研磨后，用滴管取 3~5 滴研磨上清液。直接观察结果，出现一条带为阴性结果，出现两条带为阳性结果。

（2）“杀菌剂 1 号”西甜瓜种子处理技术

用“杀菌剂 1 号”200 倍液（现配现用），浸泡西甜瓜种子 1h（没过种子为宜），然后用清水冲洗 4~5 次，每次用水量约为药剂用量的 10 倍为好，每次用水浸泡时间为 10min 左右。或流水冲洗 30min，冲洗过程中不断搅拌种子。清洗好的种子可以催芽播种。

（3）高效农药的选择

选择已筛选出的对瓜类细菌性果斑病防治效果较好的中生菌素可湿性粉剂（9 000mg/L、900mg/L）、霜脲·锰锌可湿性粉剂（6 012mg/L）、唑醚·代森联水分散粒剂（3 600mg/L）、噻霉酮可湿性粉剂（900mg/L）、丙森锌可湿性粉剂（35 000mg/L、3 500mg/L）等杀菌剂，在西甜瓜整枝打杈等农事操作前后这个重要的时间节点进行田间药剂防治，同时注意药剂的轮换施用，能够有效控制病害的发生，大大降低病果率。

根据露地、设施栽培模式选择植保无人机、智能对靶喷雾装备、二次气液二相流超低量喷雾器等进行喷雾作业。

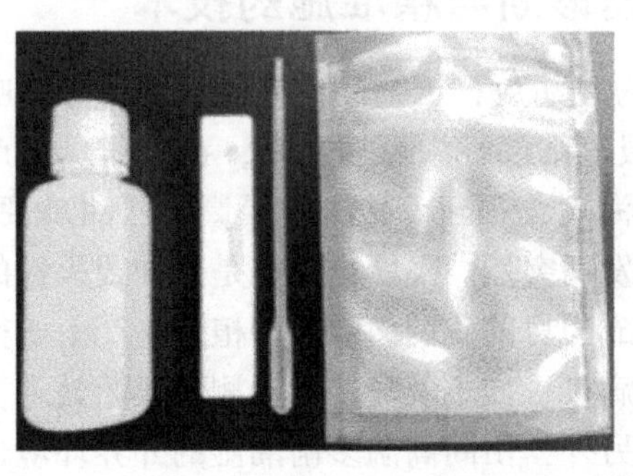

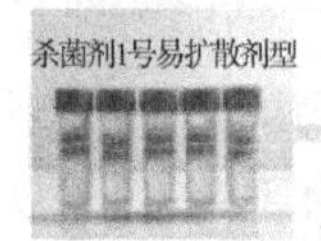

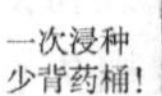

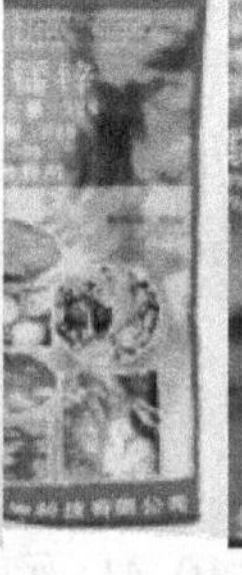

西甜瓜果斑病快速诊断与精准施药技术

【**注意事项**】①杀菌剂 1 号处理西甜瓜种子时佩戴手套、口罩等，做好防护措施；②种子处理剂严格按照规定浓度进行配制，且做到现配现用；③药剂处理后，种子一定要清洗干净再进行催芽播种；④田间药剂防治一定要在西甜瓜整枝打杈等农事操作前后这个重要的时间节点进行。

【**适宜地区**】全国西甜瓜产区均适用。

【**技术依托单位、联系方式**】

依托单位：中国农业科学院植物保护研究所

联系方式：杨玉文　010-62816469

3　甜瓜霜霉病、白粉病监测预警及生态防控技术

【技术简介】 新疆是国内重要的瓜果生产和出口基地，甜瓜产业在新疆农业生产中有重要地位。新疆和田、喀什、阿勒泰等地区气候条件优越，十分适宜复播甜瓜的种植，但上述地区甜瓜霜霉病、白粉病一直是影响新疆复播甜瓜种植的主要病害因素，本技术以甜瓜霜霉病、白粉病生态防控技术为核心，结合病害系统监测预警技术、高效化学药剂精准应用等技术，可有效减轻种植区甜瓜霜霉病、白粉病发生为害水平。

该技术在新疆喀什、阿勒泰等地区进行示范推广，项目执行期间累计进行了10万亩以上面积技术应用，用药次数较常规栽培方法减少30%~40%，亩产较常规方法增产3%。

【技术操作关键要点】

（1）甜瓜霜霉病、白粉病生态防控技术应用原则

甜瓜霜霉病、白粉病防治的原则是"系统控制，防重于治"。对病源地的防治是甜瓜霜霉病、白粉病生态防控的重要一环，甜瓜种植区应安排在远离瓜类作物（主要为黄瓜）的温室，以及干旱少雨区、早晚熟瓜分区种植。甜瓜霜霉病、白粉病的发生基本呈现出从温室甜瓜到拱棚甜瓜再到露地甜瓜、架子甜瓜，先早熟瓜后晚熟瓜，距离病源地先近后远的次序。这也是甜瓜病虫害防治的大体顺序。

全面、准确地掌握种植区温室、大棚黄瓜和西葫芦的分布及病害发生情况，重点防治瓜类霜霉病和白粉病，3—6月即应对病源地病害进行监测和彻底的药剂防治。小拱棚甜瓜病害发生时间稍晚于温室甜瓜，小拱棚甜瓜霜霉病和白粉病一般于5月下旬至6月中旬开始发生。小拱棚是甜瓜霜霉病和白粉病发生的次生菌源地，对小拱棚甜瓜病害进行化学防治一方面可以延长拱棚瓜的采收期，增加产量，另一方面可以减少次生菌源地霜霉病和白粉病的病原菌量，推迟露地大田甜瓜的发病时间。

（2）甜瓜霜霉病、白粉病发生流行的相关因素

甜瓜种植区域内有无病源地是影响病害发生的重要因素。瓜类作物（黄瓜、甜瓜和西葫芦等）温室是甜瓜霜霉病和白粉病发生流行的主要初病源地。最初病源地病害的控制对于整个流行区域病害的防治起着十分重要的作用。甜瓜细菌性果斑病种子带菌是果斑病发生的主要初侵染源，栽培种子是否带菌是影响当地果斑病发病时间和程度的重要因素。

甜瓜种植区距离病源地的距离是影响该区域病害发生程度的重要因素，距离病源地近则病害发生早、发生重、距离病源地远则病害发生晚、发生轻。

甜瓜种植区病害最初的发生时间也是影响病害发生程度的重要因素，病害最初的发生时间距离甜瓜采收期越长，为害越大；病害最初的发生时间距离甜瓜采收期越近，造成的损失越小。

新疆喀什、阿勒泰地区6—8月的降水次数和降水量是影响霜霉病流行的主要因素，当累计降水天数达到30d，降水量达到30mm，霜霉病就会发生中度流行；当累计降水天数达到36d，降水量达到30mm，就会发生大流行。

(3) 甜瓜霜霉病、白粉病系统调查

调查时间：1—3月进行甜瓜霜霉病、白粉病越冬病源地瓜类霜霉病、白粉病发生时间动态过程监测，3—4月开展甜瓜霜霉病、白粉病初侵染来源病源地瓜类霜霉病、白粉病发生时间动态过程监测，4—9月开展露地栽培甜瓜霜霉病、白粉病发生时间动态过程监测，3个时间段的监测一般在结瓜后开始调查，调查5~10次，病情指数达到高峰后停止调查。露地栽培甜瓜以温室附近的早熟甜瓜最先发生霜霉病、白粉病，并且露地甜瓜霜霉病、白粉病发生的最初发病时间的监测最为重要。采用监测田定点调查方法调查。

甜瓜霜霉病、白粉病监测为越冬病源地和初侵染来源病源地调查：在黄瓜冬季温室种植区进行黄瓜霜霉病、白粉病发生调查，一般结瓜后开始调查，调查霜霉病、白粉病的病叶率，如果发生了黄瓜霜霉病、白粉病，即可确定为甜瓜霜霉病、白粉病越冬病源地；进而在春季温室和拱棚黄瓜种植地进行黄瓜霜霉病、白粉病发生调查，一般结瓜后开始调查，调查霜霉病、白粉病的病叶率，如果发生了黄瓜霜霉病、白粉病，即可确定为甜瓜霜霉病、白粉病初侵染来源病源地。

甜瓜霜霉病、白粉病发病中心调查：甜瓜霜霉病、白粉病发病中心的调查应先从黄瓜温室、大棚附近开始，由近向远。由温室、大小拱棚到露地甜瓜，先早熟后中晚熟甜瓜，调查发病中心的病情指数，记录地理经纬度。一般温室附近的早熟甜瓜最先发生霜霉病、白粉病，而最初发病时间的监测最为重要。

调查田：根据甜瓜霜霉病、白粉病越冬病源地、初侵染来源病源地、发病中心调查的原则和时空顺序，采用监测田定点调查方法调查，根据当地甜瓜品种的布局状况和生态类型，选择发病条件好、发病较早且有代表性的感病品种瓜田2~3块，每块田面积不少于2亩（1亩≈667m^2，15亩=1hm^2）作为系统观测。

甜瓜霜霉病、白粉病病叶率和病情指数调查方法：在甜瓜生长中后期或大田出现甜瓜霜霉病、白粉病后，进行大田病叶率和病情指数调查。对监测田测定经纬度，然后先在最适合发病的地点（湿度大的地点）查找本田发病中心，并在发病中心附近采用5点取样，每个样点200个叶片，按严重度分级标准记载叶片数，间隔5~6d调查一次，在整个观察期内不能用药，调查病叶数、病叶率、严重度，计算病情指数。没有发病中心时也应采用5点取样调查，这时的病叶率是防治的重要指标。

(4) 甜瓜霜霉病、白粉病发生预测方法

防治时间预报：当大田出现甜瓜霜霉病、白粉病发病中心，病叶率达到0.1%，且未来有降雨天气时，病情发展将加快，应及时发出预报，尽快进行大田喷药防治。

发生程度预报：甜瓜霜霉病、白粉病从幼苗期到收获期均可发病，尤其是从坐果期开始，当病情加快时，遇有利发生的气候条件（如阴雨天）应及时依据甜瓜霜霉病预测模型发出预报，以指导防治，控制病害流行。

甜瓜霜霉病预测模型：

$$A=0.0862\times X_1+0.1423\times X_2$$

A：发生程度预测值；

X_1：6月1日至最终病情前5d的降水量（mm）；

X_2：6 月 1 日至最终病情前 5d 的降水日数。

A 值可根据已有气象数据加未来 10d 降雨过程预报数据计算。

发生程度预测分级：

$A>7.587\ 5$ 时，将发生大流行；

$6.776\ 5<A\leqslant 7.587\ 5$ 时，将发生中度流行；

$4.984\ 8<A\leqslant 6.776\ 5$ 时，将发生轻度流行；

$A\leqslant 4.984\ 8$ 时，将极轻发生。

（5）高效药剂防治

甜瓜白粉病与霜霉病药剂防治：甜瓜白粉病可采用 29%吡萘嘧菌酯悬浮剂 1 500 倍液、43%氟菌肟菌酯悬浮剂 4 000 倍液、42%苯菌酮悬浮剂 2 000 倍液、50%醚菌酯水分散粒剂 3 000 倍液喷雾。甜瓜霜霉病可采用 72%霜脲锰锌可湿性粉剂 600 倍液、69%烯酰吗啉锰锌可湿性粉剂 600 倍液、10%氟噻唑吡乙酮可分散油悬浮剂 2 000 倍药液喷雾。每亩喷药液 40~60kg，瓜秧长满每亩喷药液 60kg。两三种不同农药交替使用，7d 喷药 1 次，共喷药 2~4 次，上下叶片喷雾均匀。

【注意事项】种植区甜瓜霜霉病、白粉病的病源地防治是甜瓜霜霉病、白粉病生态防控的重要一环，甜瓜种植区应安排在远离瓜类作物（主要为黄瓜）温室、选择干旱少雨区、早晚熟瓜分区种植。甜瓜霜霉病、白粉病的系统监测和防治按照从温室甜瓜到拱棚甜瓜再到露地甜瓜、架子甜瓜，先早熟瓜后晚熟瓜，距离病源地先近后远的次序进行，按照该策略进行精准防控可有效降低用药次数并且提高防治效果。

【适宜地区】和田、喀什、阿勒泰等地区。

【技术依托单位、联系方式】

依托单位：新疆农业科学院植物保护研究所

联系方式：杨渡　13009611511；韩盛　13565431725；玉山江·麦麦提　15299185181

4 枯草芽孢杆菌可湿性粉剂防治西甜瓜枯萎病技术

【技术简介】枯草芽孢杆菌是河北省农林科学院植物保护研究所和保定市科绿丰生化科技有限公司共同研制的微生物杀菌剂，对西甜瓜枯萎病等土传病害有特效，是生产无公害产品和有机产品必不可少的生物杀菌剂。

【技术效果】①杀灭土壤病菌，枯草芽孢杆菌可以随殖株生长定殖在植株体内，防治枯萎、立枯、烂根等土传病害；②活化土壤，提高氮磷钾、硅、钙的吸收，提高抗冻、抗寒能力；③具有促根、壮苗的作用，随着根的伸长而扩展繁殖，保护根系不受病菌侵染；④保护根系，促进根系生长，增加作物产量，提高产品品质。

【操作关键要点】

灌根：稀释4 000倍使用，在西甜瓜移栽后进行第一次灌根，每次灌根以根部湿透为准，每穴施用100~200mL。第一次施药2周后再施1次，共施用2次。

拌种：按照1：（10~15）进行拌种（药种比），拌种时先把种子打湿再与种子搅拌，使每一粒种子附着药剂均匀一致。

【适宜地区】南方和北方西甜瓜种植地区均可使用。

【技术成熟度】

已有产品且已经在浙江西甜瓜种植产区进行了示范，防病效果显著。

产品名称：鑫知农、威信

防治对象：防治西瓜和甜瓜枯萎病，兼防根腐病

主要成分：10亿活芽孢/g

产品规格：1 000g

生产厂家：保定市科绿生化科技有限公司

【注意事项】①不能和防治细菌的试剂（如铜制剂、402或农用链霉素等抗生素）混用；②远离水产养殖区施药，禁止在河塘等水体中清洗施药器具。

【技术依托单位、联系方式】

依托单位：浙江大学

联系方式：李大勇　0571-88982269　E-mail：dyli@ zju. edu. cn

5　压砂瓜土传病害生物防治技术

【技术研发背景】 针对压砂地倒茬困难，压砂瓜多年连作导致土壤中积累了大量的病原菌，土传病害、叶部病害越来越重，自根苗死苗率30%以上，化学防治效果不明显，亟须通过生物防治措施缓解连作障碍和病害的发生。

【技术效果】 该技术可显著恢复10年以上老砂地的生产能力，改善西瓜生长微环境，施入微生物菌剂后可以有效抑制真菌繁殖，对细菌和放线菌数量增加有一定促进作用，可以显著降低病害发生率16.2%~81%，增产8.7%以上，中心可溶性固形物提高0.6~1个百分点。目前已在中卫市沙坡头区香山乡、兴仁镇，中宁县喊叫水乡、白马镇、鸣沙镇累积示范3万亩，连作障碍明显缓解，发病率显著降低。

【技术操作关键要点】 定植穴坑的尺寸以20cm×50cm×（20~30）cm为宜。生物菌肥选用南京农业大学研制的“馕播王”或金正大公司的“金菌冠”，将栽培基质与生物菌肥按2∶1的比例混匀，相当于每穴施基质200g，生物有机肥50~100g，基质与微生物有机肥混合均匀，稍加润湿到紧握成团、松手可散的程度，放入栽培穴后，深翻与土拌匀。另一种方法是每穴施入腐熟农家肥2~3kg，在给微生物提供养分的同时可以替代部分化肥，再施入10g左右复合木霉菌、枯草芽孢杆菌等微生物菌剂，然后每穴补水2~3kg。待水渗入后播种子或定植嫁接西瓜苗，播种后，采用条覆膜机进行整条覆膜。伸蔓期浇1次小水，瓜膨大期浇1次大水，每穴补水1.5~2kg。膨大期每亩追施复合生物肥16~20kg，或随水施用液体有机肥或沼液10~20kg。

【注意事项】 生物菌肥穴施后要注意及时用土覆盖，避免阳光中的紫外线杀灭有益菌。压砂地土壤有机质含量低，最好配合施用有机肥，增加有益菌养分供给。

【适宜地区】 适宜宁夏、甘肃等压砂西瓜主产区。

【技术依托单位、联系方式】

依托单位：宁夏农林科学院园艺研究所

联系方式：杨万邦　0951-6886778　E-mail：514352423@qq.com

6 生物熏蒸替代化学杀线剂防控西甜瓜根结线虫病害技术

【技术简介】设施栽培条件下，休闲期采用生物熏蒸进行土壤修复和改良，鲜粪便和废弃秸秆或废弃蘑菇棒等降解产生的氨气和高温杀灭线虫和卵块，调节土壤碳氮比。解决传统根结线虫病害防治中的农产品残留和微生态破坏等难题，为生产提供安全有效的控制途径。解决长期以来过量或滥用化学农药防治土传病害的恶性循环状态。

此生物熏蒸技术防控根结线虫效果在整个生育期稳定在85%~90%，增产20%~30%，根结线虫中等以上发病地块增效80%以上，具有可持续性。替代化学杀线剂的使用，对枯萎病和青枯病有兼防作用，防效为90%以上。同时减少50%化肥基肥施用量，调节土壤碳氮比为12∶15。随同施用的粪肥、蘑菇棒和沼渣等均为环境废物，符合绿色生态的发展趋势。

【技术操作关键要点】采用新鲜粪便（牛粪最佳）接种短短芽孢杆菌覆膜田间生物熏蒸45d左右。粪便发酵产生的氨气杀灭根结线虫2龄幼虫于15d左右可全部杀灭；产生的发酵热（25cm深度土壤55~60℃在处理时间内可持续20d左右）可有效杀灭卵块，杀灭率80%以上。此措施可明显减低土壤内根结线虫的种群数量。

促酵剂短短芽孢杆菌 *Brevibacillus brevis* GB6-1为自主菌株，具有高效产生几丁质酶和纤维素酶活性，可应用于土壤生物熏蒸的促酵剂和干扰根结线虫侵染。

【注意事项】该技术仅适用于北方保护地栽培6—8月休闲期处理，

【适宜地区】北方设施栽培条件，根结线虫发生的地块。

【技术依托单位、联系方式】

依托单位：青岛农业大学植物医学学院

联系方式：武侠　13884956250

7　渐狭蜡蚧菌菌剂生物防御西甜瓜生育期地上部病害技术

【技术简介】 西甜瓜主要地上病害白粉病和灰霉病等是生产上常发病害，这类病害的防控主要以化学杀菌剂为主。以减施农药为目的，田间采用渐狭蜡蚧菌菌剂在发病前进行生物防御，可减轻和延迟病害发生，可减少施药次数。田间发病前进行叶面防护可减轻和延迟病害发生，整个生长季减少施药次数 3~4 次，减少地上部病害化学杀菌剂施用量 30%左右，增产 15%~20%。

【技术操作关键要点】 渐狭蜡蚧菌预接种西甜瓜植株，首先在病原菌可侵染部位占位种群优势，菌剂内几丁寡糖协同对植株促进生长势和诱导防御酶系表达或活化。渐狭蜡蚧菌产生的几丁质酶可消解白粉病和灰霉病菌细胞壁的主要成分几丁质，从而降低病原菌细胞透性和侵染活性，达到阻止或减少病原菌侵入。依据渐狭蜡蚧菌高效分泌几丁质降解酶系特性，在菌剂生产的培养基内添加非水溶性几丁质底物，增加产孢量，同时降解产物几丁寡糖具有促进西甜瓜植株生长和诱导抗性功能。渐狭蜡蚧菌菌剂，于发病前对西甜瓜地上部防御，取得了良好效果。其中甜瓜效果最佳，降低地上部病害白粉病和灰霉病等化学杀菌剂施用量 30%，增产 15%~20%。

具体操作过程：将活化渐狭蜡蚧菌和几丁质共培养，制成菌剂（量级：10^8 孢子/mL 菌剂）。田间菌剂稀释 40 倍施用，在发病前进行叶面防护，每隔 7d 防护 1 次，共施用 3 次。可减轻病害发病程度 60%~70%，延迟病害发生 20~23d，整个生长季减少施药次数 3~4 次。

【注意事项】 该技术使用的是真菌菌剂，菌剂的寿命较短（不超过 1 个月），需要阴凉保存条件。

【适宜地区】 该项技术对设施农业栽培的其他葫芦科瓜果蔬菜白粉病和灰霉病等主要病害防控具有实际应用价值。

【技术依托单位、联系方式】

依托单位：青岛农业大学植物医学学院

联系方式：武侠　13884956250

8 复播甜瓜避病栽培技术

【技术简介】新疆独特的地理位置以及气候特征，使其成为国内重要的瓜果生产和出口基地，甜瓜产业在新疆农业生产中的重要地位。新疆和田、喀什、阿克苏、吐鲁番等地区气候条件优越，十分适宜复播甜瓜的种植，通过在上述地区冬小麦或春播甜瓜收获后复播甜瓜，可显著提高土地利用率并具有很高的增收潜力。霜霉病、白粉病、果斑病、病毒病、根部病害、蚜虫、粉虱、潜叶蝇等病虫害一直是影响新疆复播甜瓜种植的主要病虫害因素，上述病虫害可在复播甜瓜种植过程中全生育期发生为害，其中病毒病的发生为害是复播甜瓜种植的最重要阻碍因素。本技术以防虫网拱棚覆盖避病栽培手段为核心，综合应用抗病品种、种子处理、物理防控、病害监测预警、化学防治等技术，可有效减轻复播栽培甜瓜病虫害发生为害水平。

该技术在喀什、和田、阿克苏等地区进行示范推广，并进行了较大面积应用，用药次数较常规栽培方法减少40%，亩产较常规方法增产52%~59%。

【技术操作关键要点】

(1) 栽培品种

选择抗病的中早熟品种，如俊秀、斯穆托等。

(2) 种子处理

种子处理是防治甜瓜细菌性果斑病最重要且有效的措施，进行种子处理后可有效降低田间发病率。可使用中国农业科学院植物保护研究所生产的杀菌剂1号200倍液浸种2h，浸种处理后用清水充分清洗3~5遍后催芽或播种，若短时间不播种可晾干后保存备用。

针对甜瓜枯萎病、甜瓜猝倒病、甜瓜立枯病等苗期病害可结合细菌性果斑菌防治药剂浸种处理后再以种子包衣药剂拌种，可选用37.5%萎锈灵+37.5%福美双悬浮种衣剂（卫福），2.5%咯菌腈悬浮种衣剂（适乐时），6.25%精甲·咯菌腈悬浮种衣剂（亮盾），按每400mL药量兑水5~6L拌100kg种子，用喷雾器一边喷洒在种子上，一边将药剂和种子搅拌均匀，种子晾干后播种。针对病毒病的预防可选用阿泰灵800倍稀释液浸种12h后，再用清水冲洗3次后播种。

(3) 播种时间

新疆和田、喀什、阿克苏等地区复播甜瓜最佳播种时间为6月15—20日。

(4) 物理防控

防虫网拱棚覆盖栽培：采用大拱棚（高1.8m），底脚与播种带同宽，插入播种带靠沟缘一侧，播种前完成此项作业。播种后未出苗前即用60目密度防虫网完全覆盖拱棚以隔绝外部蚜虫、粉虱等害虫进入拱棚内。防虫网两侧缝制拉链以便后期喷药、授粉等农事操作，植株开雌花授粉期间可于白天打开侧边防虫网，以利昆虫传粉坐果，晚间关闭防虫网。该阶段为甜瓜病毒病的传毒时期，需严格按照要求于10：00—18：00（蚜虫迁飞非活跃期）揭开防虫网。新疆和田、喀什、阿克苏等地区防虫网拱棚可于8月15日后揭除。通过上述措施可有效隔绝传毒媒介传播病毒而减轻病毒病的发生为害。

诱虫板：防虫网内悬挂黄板、蓝板诱虫，以降低迁飞蚜虫、蓟马的基数。

（5）主要病害的监测

种植期间自苗期即需加强田间白粉病与霜霉病的发生情况调查，当田间病叶率达到0.1%~0.5%即为最佳施药防治期。

种植期间传毒媒介昆虫、植株的带毒情况监测可参考《南疆甜瓜病毒病的预测预报模型的构建系统软件》（软著登字第6751788号）和《一步快速检测甜瓜多种病毒的试剂盒及其快速检测方法》（授权专利号ZL201510813221.5）的方法进行。

（6）高效药剂防治

病毒病药剂防治：苗期、伸蔓期各喷施1次生物药剂阿泰灵800倍液以诱导植株增强对病毒病抗病性。

甜瓜白粉病与霜霉病药剂防治：甜瓜白粉病可选用29%吡萘嘧菌酯悬浮剂1 500倍液、43%氟菌肟菌酯悬浮剂4 000倍液、42%苯菌酮悬浮剂2 000倍液、50%醚菌酯水分散粒剂3 000倍液喷雾。甜瓜霜霉病可采用72%霜脲锰锌可湿性粉剂600倍液、69%烯酰吗啉锰锌可湿性粉剂600倍液、10%氟噻唑吡乙酮可分散油悬浮剂2 000倍药液喷雾。

蚜虫的药剂防治：非抗性蚜虫可选择10%吡虫啉可湿性粉剂2 500倍液、3%啶虫脒可湿性粉剂3 000倍液交替使用，对于抗性蚜虫可选用25%噻虫嗪7 500倍液、22%氟啶虫胺腈1 500倍液防治。

红蜘蛛的药剂防治：可用24%螺螨酯悬浮剂2 000倍液、20%乙螨唑悬浮剂7 000倍液、5%阿维菌素乳油3 000倍液等喷施防治。

每亩喷药液40~60kg，瓜秧长满每亩喷药液60kg。两三种不同农药交替使用，7d喷药1次，共喷药2~4次，上下叶片喷雾均匀。

【注意事项】种植时宜选择抗病、储藏性较好、生育期100d左右的早中熟甜瓜品种，新疆喀什、和田、阿克苏地区复播甜瓜的最佳播种时间为6月15—20日，自播种期即必须采取60目防虫网扣网避病栽培措施，8月15日后可去除防虫网。

【适宜地区】和田地区、喀什地区、阿克苏地区。

【技术依托单位、联系方式】

依托单位：新疆农业科学院植物保护研究所

联系方式：杨渡　13009611511；玉山江·麦麦提　15299185181；韩盛　13565431725

9 西甜瓜害虫物理诱控技术

【技术简介】海南地区大棚西甜瓜虫害防治手段单一，主要依靠施药方式进行防治，导致部分害虫的抗药性增强，防治效果不断下降，同时温室大棚给害虫创造了良好的生长环境，虫害世代增多、数量大幅上升，为害程度也大幅提高。本技术以绿色防控为理念，应用黄蓝板、太阳能杀虫灯和防虫网等物理措施对害虫进行监测、诱杀和驱避。

本技术模式在海南地区已实现较大范围推广应用，可有效对蓟马、蚜虫、粉虱、实蝇等害虫进行监测和诱杀，可减少药剂使用次数1~2次，减少农药使用量，每亩节约成本150~300元。

【技术操作关键要点】

（1）黄蓝板监测及诱杀（核心技术）

黄板含有瓜实蝇诱芯（6-已酰基苯基丁基-2-酮）（稳诱），主要诱杀实蝇、蚜虫、粉虱等。蓝板涂有一层较厚的不干胶，主要粘捕各种蓟马。色板打开后尽量一次性用完，存放日期不超过60d。移栽后开始挂色板进行虫害监测。悬挂位置随植株生长情况进行调整，一般在植株离地面2/3处，或悬挂于植株中上部+40cm处（成株期）。每间隔4~6m黄板和蓝板间隔挂一块，每亩35~40块板（或视植株生长情况而定）。

（2）太阳能频振式杀虫灯应用（配套技术）

频振式杀虫灯利用大多数害虫具有较强的趋光、波、色、味的特性，将频振灯管发出的光波设在特定波长范围内近距离用光，远距离用波，并配合使用害虫自身性味和特定的颜色引诱成虫扑灯，利用灯外围设置频振高压电网触杀飞向灯体的害虫。其杀虫光谱独特，只引诱害虫，对天敌引诱作用较弱。在设施大棚内采用便携式可移动型太阳能板，白天在大棚外吸收太阳能，晚上移回棚内诱杀害虫，可直接诱杀的成虫种类多，可准确地监测害虫发生动态。

（3）防虫网及其他物理防控方法（配套技术）

防虫网具有极大的拉伸性、保温抗热、抗腐蚀、结实耐用，能有效阻隔害虫进入大棚，减轻西甜瓜虫害的发生；吊挂性诱器具（配性诱剂）利用害虫的性生理作用，通过诱芯释放人工合成的性信息素引诱雄蛾至诱捕器，达到减少虫量的目的。每个诱捕器配1个诱芯（性诱剂），每30d左右更换1次诱芯。利用蚜虫对银灰色的负趋向性，覆盖银灰色遮阳网或银灰色地膜，或将灰色反光塑料膜剪成10~15cm宽的挂条，挂于大棚周围，可收到较好的避蚜效果；及时处理田间植株残体，防止虫卵孵化为害；通过阳光暴晒，极端高温与低温都可有效杀死害虫。

【注意事项】含有诱芯的黄蓝板或者杀虫灯等在打开后要及时使用，黄蓝板的数量和悬挂位置要根据植株生长做及时调整和更换，用完后要集中回收。

【适宜地区】主要在海南地区进行推广应用，可适用于华南地区。

【技术依托单位、联系方式】

依托单位：海南省农业科学院植物保护研究所

联系方式：严婉荣　0898-65351851　18389286277　E-mail：yanwanrong818@163.com

10 捕食性瓢虫防治瓜蚜应用技术

【技术简介】 瓜蚜（*Aphis gossypii* Glover），又称棉蚜，属半翅目蚜虫科。全国各地普遍发生。瓜蚜是虫体多型的害虫，在不同季节中常常发生多种色型，夏季高温时，色泽浅，多是黄色或绿色，在春秋温度比较低的情况下，多是深绿色或蓝黑色。瓜蚜无滞育现象，可终年进行无性繁殖，即雌蚜不经过交配，以卵胎生繁殖，直接产生若蚜，是瓜蚜的主要繁殖方式。瓜蚜可为害黄瓜、西瓜、甜瓜，以及茄科、豆科、菊科、十字花科蔬菜等，蚜虫往往群集在寄主植物的叶背、嫩尖、嫩茎处吸食植物汁液，分泌蜜露，使叶片卷缩，瓜苗生长停滞，瓜的老叶被害后，叶片干枯以致死亡，蜜露诱发霉菌滋生，降低光合作用，同时，瓜蚜还能传播多种植物病毒，如西瓜花叶病毒、黄瓜花叶病毒等，由此造成更大的经济损失。

捕食性瓢虫，包括七星瓢虫和异色瓢虫，以成虫和幼虫捕食多种蚜虫、粉虱、介壳虫等害虫，被人们称为“活农药”，是瓜蚜的优势天敌昆虫。这两种瓢虫室内寿命平均 80d 左右，田间可存活 120d 以上，其幼虫期和成虫期均可取食蚜虫，平均每天可捕食蚜虫 80~100 头。七星瓢虫对人、畜和天敌动物无毒无害，无残留，不污染环境。

通过 2018—2020 年在四川简阳、彭州等地区进行捕食性瓢虫防治瓜蚜应用试验示范，结果表明，单次使用这两种瓢虫 20d 后对瓜蚜的防治效果达到 60%，连续投放 2~3 次，对瓜蚜的防治效果达到 75%~80%。异色瓢虫和七星瓢虫试验示范区对蚜虫防治的化学农药减施 66. 67%，产量分别增加 1. 12%和 1. 20%，效益分别增加 119. 83 元/亩和 103. 83 元/亩，显著提升了产品质量，增加了经济、社会和生态效益。

【技术操作关键要点】

（1）产品规格

平均卵量>30 粒/卡，孵化率>70%。

（2）释放时间

蚜虫初发期，即应用区域 0<有蚜株<3 株/亩，且蚜虫量<6 000头/亩时释放。

（3）释放方法

将瓢虫卵卡置于有蚜植株蚜虫附近、叶片背面，卵卡距离蚜虫<30cm。

（4）释放数量

瓢虫卵：蚜虫=1：(50~180)。或露地西甜瓜每次 3~5 卡/亩，间隔 10d 左右根据虫情补充释放 1~2 次。设施西甜瓜，每次释放 5~8 卡/亩，间隔 7d 左右根据虫情补充释放 3~5 次。

【注意事项】 阴天或晴天早晚释放，释放前 3d 及释放后，不能施用杀虫剂。

【适宜地区】 全国。

【技术依托单位、联系方式】

依托单位：四川省农业科学院

联系方式：蒲德强 18581868405

11 化防和生防对设施吸汁类害虫的协同防控技术

【技术简介】设施瓜田害虫种类多，包括蚜虫、蓟马、粉虱和叶螨等，在田间常混合发生，此类害虫为害普遍而且严重，常因体型微小，田间发生初期肉眼难以识别鉴定，导致延误早期防治时机。它们常隐匿叶片背面取食植物汁液造成直接为害，影响作物的光合作用，更为严重的是，蚜虫、粉虱、蓟马等害虫也是传播植物病毒的媒介，例如烟粉虱（*Bemisia tabaci*）传播瓜类褪绿黄化病毒（*Cucurbit chlorotic yellows virus*，CCYV）、棕榈蓟马（*Thrips palmi*）传播甜瓜黄斑病毒（*Melon yellow spot virus*，MYSV）等，近年来给蔬菜和瓜类产业造成严重经济损失，也成为设施园艺产业健康发展的重要阻碍因子。针对这个问题，研发了设施栽培中以早期灌根和生长期释放捕食螨相结合的化防与生防协同控制技术。其中，早期灌根采用内吸性杀虫剂（吡虫啉、噻虫嗪等）进行，通过作物内吸作用将药剂从根部输送到作物的各个部分，此类杀虫剂仅能防控蚜虫、蓟马和粉虱等，对叶螨种群无效。为了实现对瓜田害虫和害螨的同时防控，将化学药剂施用与生长期内释放捕食螨的措施相结合。该技术实施后，可以使蚜虫、蓟马、粉虱等害虫发生期延迟一个月，减低害虫发生基数，从而实现对瓜田害虫害螨的协同防控，对烟粉虱和蓟马的防效达70%~80%，对叶螨防效超过95%，减少化学药剂用量20%~30%，提升瓜田经济效益5%~7%。

【技术操作要点】设施西甜瓜定植前，采用25%噻虫嗪水分散粒剂稀释2 000倍液进行穴盘灌根，每棵药液量为30~50mL；该措施也可进行穴盘喷淋或带苗穴盘蘸根处理。药剂也可以选择其他具有内吸性能的药剂吡虫啉、呋虫胺或溴氰虫酰胺等。

在叶螨发生初期，人工释放智利小植绥螨（益害比为1∶10），首次释放后，根据捕食螨定殖情况及叶螨种群数量酌情再次释放，间隔7~10d。

【注意事项】某些区域的瓜苗应及时定植，上述穴盘灌根技术也可以改为在作物定植2~3d缓苗后进行逐棵灌根。

该技术可与目前田间广泛使用的防虫网、悬挂黄板等物理防控及其他生物防控措施协同应用。

【适宜地区】该技术已在北京昌平区、山东济阳、湖南长沙等进行区域性示范推广，也适用于全国其他西甜瓜产区。

【技术依托单位、联系方式】

依托单位：中国农业科学院蔬菜花卉研究所

联系方式：王少丽　E-mail：wangshaoli@caas.cn

12　西甜瓜实蝇防治非化学农药与化学农药协同增效技术

【技术简介】实蝇是一类重要的检疫性害虫，其寄主范围广，有较强的毁灭性，对许多国家和地区的果蔬产业造成了巨大的经济损失。在广东地区，橘小实蝇、南瓜实蝇和瓜实蝇为害导致的经济损失每年高达33.67亿~129.87亿元。目前实蝇类害虫主要依赖化学农药防治，抗性的产生和对环境的考虑，寻找高效而安全的防治措施成为生产上亟待解决的问题。实蝇类害虫的生活习性：交配后的雌成虫在瓜果表皮内产卵→初孵幼虫钻蛀果实为害→老熟幼虫入土化蛹→成虫羽化后交配。由于卵和幼虫均在瓜果表皮内，因此这两个虫态的防治难度较大；而老熟幼虫和蛹在土壤中生存，成虫在环境中暴露，这便为该虫防治提供了最佳的时期。

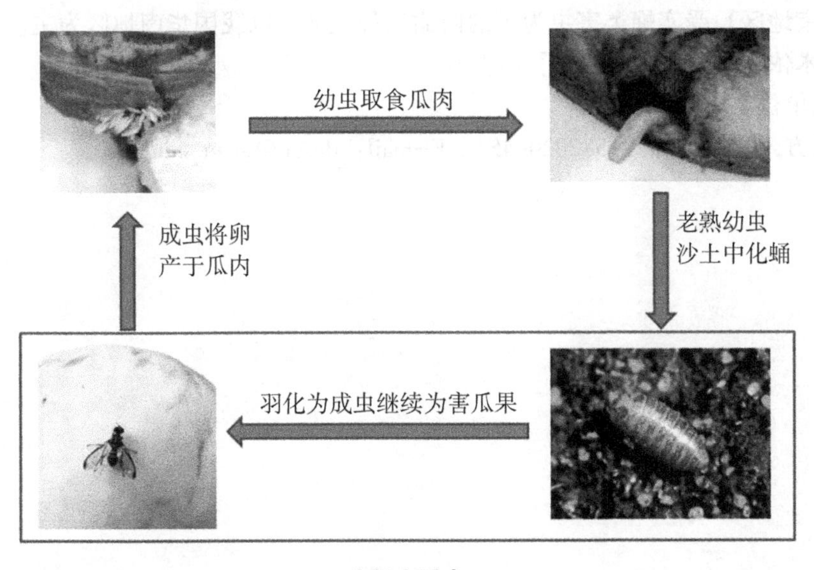

实蝇生活史

虫生真菌寄主广泛，致病能力强，容易进行工厂化生产，对环境、人、畜和天敌安全。作为一类重要的微生物杀虫剂，虫生真菌已被广泛应用于农林害虫的防治，国际上先后有171种虫生真菌产品登记注册，防治面积达到上千万公顷。目前利用虫生真菌防治实蝇的相关研究较少，国内主要致力于对橘小实蝇幼虫高毒力菌株的筛选上，还未见应用方面的报道。虫生真菌分生孢子可在土壤中较长时间存活，土壤中较高的湿度为虫生真菌侵染实蝇蛹和初羽化成虫提供了有利条件，因而利用虫生真菌处理土壤进行实蝇类害虫的防治具有十分广阔的前景。高效低毒杀虫剂的应用，可有效降低对环境的污染，并提高对实蝇成虫的防治效果，因此成为了防治实蝇的关键措施。

研究人员在前期研究的基础上，集成并优化了一套西甜瓜实蝇类害虫防治的非化学农药与化学农药协同增效技术，该技术包括：用绿僵菌孢子悬浮液或菌剂对西甜瓜植株周围土壤进行喷雾处理，以杀死土壤中化蛹的实蝇，减轻羽化成虫的为害；在瓜果及叶表面喷施高效低毒药剂（阿维·高氯或敌百虫），以避免成虫对果实的产卵为害。该项技术可有效地遏制实蝇类害虫的大发生，在减少化学农药施用量的同时保障了西甜瓜的安全生产，对提高西甜瓜的产量和品质具有重要的现实意义。

【技术操作关键要点】从西甜瓜挂果之日开始，每两周对种植区域内的土壤进行一次喷雾处理，每亩地喷浓度为 10^8 孢子/mL 的绿僵菌孢子悬浮液 30~50kg，用来防治实蝇类害虫。喷施前一天，先对西甜瓜植株进行灌溉，为绿僵菌分生孢子的萌发提供有利的湿度条件。

在实蝇类害虫成虫高发期，采用高效低毒农药（阿维·高氯或敌百虫）对瓜果及叶表面进行喷施，药剂的施用浓度为田间推荐浓度。施药频率为每周一次，注意两种药剂轮换使用，以避免实蝇产生抗药性。

【注意事项】无。

【适宜地区】受实蝇类害虫为害的西甜瓜种植区，以我国华南地区为主。

【技术依托单位、联系方式】

依托单位：华南农业大学

联系方式：王德森　15820204451　E-mail：desen@ scau. edu. cn

13　西甜瓜病虫害绿色防控减药增产技术

【技术研发背景】 本技术适用于福建多雨地区西甜瓜主要病虫害的防治。福建属亚热带湿润季风气候区，而福建西瓜生产多以露地地膜和双膜小拱棚栽培为主，这种栽培方式抵御自然灾害能力弱，福建西瓜种植过程中，早春经常遇见低温、多雨；西瓜生长后期又常常连续暴雨，因此在西瓜栽培过程中，西瓜枯萎病、蔓枯病、炭疽病、蚜虫及鳞翅目害虫等发生频繁，防控困难，造成了严重的经济损失。在有害生物生态治理的理念指导下，针对主要病虫害的发生特点，综合考虑影响病虫害发生的各种因素，提出以抗病品种、农业防治、物理防治和新型高效低毒化学农药等措施为主的病虫害综合解决方案，该方案在福建连江县进行示范推广应用，示范面积约200亩，取得了明显成效。

【技术操作关键要点】

（1）选用当地主栽品种

如黑宝、小玉八号和京都56。

（2）农业技术

①嫁接技术：选择西葫芦为抗性砧木，重点防控西瓜枯萎病，克服连作障碍。②轮作模式：西瓜-水稻或西瓜-大豆，重点防控西瓜枯萎病和地下害虫。③栽培措施：A. 深沟，高畦，利于排水，降低田间湿度，促进根系生长，壮根；B. 覆膜技术，瓜苗返青后，中耕盖膜（或覆膜定植），具有控制畦内草害以及保温、保湿、不易积水的作用，达到降低田间湿度的目的，从而减少病害的发生及传播；C. 三蔓整枝以及压蔓技术，减少伤口，增强通风透光，减少田间湿度。

深沟、高畦、覆膜栽培技术

（3）物理防治技术

①黄板诱杀：针对蓟马、蚜虫、粉虱、潜叶蝇、瓜实蝇等主要害虫，每亩20~25块；②害虫诱捕器诱杀：针对斜纹夜蛾、瓜实蝇等害虫，20m一个；③太阳能诱虫灯：针对鳞翅目害虫，一盏灯可以控制20亩。

（4）加强预测，预防为主，精准施药技术

依托连江县各乡镇设有的气象监测点，根据气象信息及往年病虫害的发生时期，加强预测，选择生物农药如枯草芽孢杆菌制剂等或高效低毒的化学农药，以防为主，精准施药。

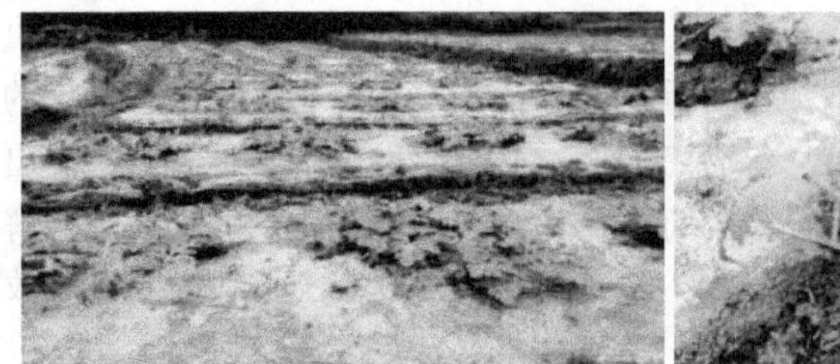  

三蔓整枝以及压蔓技术

物理防治法技术（黄板、诱虫灯）

【适宜地区】福建西瓜栽培区。

【技术依托单位、联系方式】

依托单位：福建农林大学植物保护学院、连江县农业农村局

联系方式：蔡学清　18960951720　E-mail：caixq90@ 163. com

14　西甜瓜种子真菌处理剂及处理技术

【技术简介】西瓜和甜瓜同为葫芦科一年生蔓性草本植物，在全球水果生产中都占有十分重要的地位。根据国家统计局2020年统计数据，我国西瓜生产面积占世界的60%以上，产量占世界总产量70%以上；甜瓜生产面积占世界的45%以上，产量占世界总产量55%以上，且呈逐年增加趋势。

种子带菌既是病害的重要初侵染来源，又是病原物长距离传播的重要途径。已报道西瓜和甜瓜种子可携带的真菌有10个属，包括*Fusarium*、*Didymella*、*Rhizoctonia*、*Colletotrichum*、*Alternaria*、*Macrophomina*等，给瓜类生产带来了巨大损失。其中，西瓜和甜瓜枯萎病等病害均由镰刀菌属下不同种真菌引起，在生产上造成严重的经济损失。

为有效防止和控制种传病原物的发生和传播，对播种种子进行健康检测以及有针对性地使用高效低毒的种子处理剂是国际和国内的普遍做法。种子健康检测主要包括：直接检验、洗涤检验、滤纸培养检验、琼脂培养检验、接种指示植物检验、隔离试种检验以及分子检测等方法。种子处理技术主要包括物理方法、生物方法以及化学方法。其中化学方法包括浸种法、拌种法、种子包衣以及种子引发技术，该方法主要通过将种子处理剂包裹在种子表面，其有效成分主要是杀虫剂或杀菌剂，具有防治作物苗期病虫鼠害、提高幼苗成活率等作用。甜瓜种子用种衣剂进行包衣处理在显著提高甜瓜出苗率的同时，可以减少枯萎病的发生；多菌灵药剂与甜瓜种子进行搅拌处理后防治甜瓜枯萎病病原菌效果可以达到78%，有较好的防治效果。相比于土壤消毒熏蒸处理和药剂喷灌，种子处理技术具有用药量低、环境污染小等优势，可降低化学农药的使用，同时促进作物高产稳产，确保农作物品质，具有显著的社会、经济和生态效益。

【技术操作关键要点】

（1）种子健康检测

对种子外部携带真菌检测，参考国际种子检验协会制定的规程，将100粒种子加入50mL无菌水洗涤，将样品洗涤液梯度稀释，均匀涂布于PDA平板上置于25℃黑暗培养；对种子内部携带真菌检测，将100粒种子在1%的次氯酸钠溶液中浸泡10min，用无菌水冲洗2次，均匀摆放在PDA平板上，25℃黑暗培养，计算种子带菌率，将分离出来的各种真菌菌落转移到普通PDA培养基平板上进行纯化，转管保存、镜检。根据真菌培养性状和形态特征，参考有关工具书和资料鉴定到属。

（2）靶标菌对杀菌剂敏感性测定

选用5种登记药剂：苯醚甲环唑、嘧菌酯、咪鲜胺、咯菌腈、氰烯菌酯对分离镰刀菌进行毒力测定以及相对抑制率测定，将菌接种到以药液：培养基=1：1 000的比例混合并制成的带药PDA平板，用十字交叉法测定菌落净生长量相对抑制率；并分别吸取孢子悬浮液于5个浓度的系列梯度含药水琼脂平板上涂匀，镜检调查100个分生孢子，计算孢子萌发率。综上，选用对分离镰刀菌均有良好抑制菌丝生长活性的咪鲜胺和均有良好抑制孢子萌发效果的嘧菌酯进行复配。

（3）复配药剂的筛选及效果测定

复配药剂效果测定按上述靶标菌对杀菌剂敏感性测定方法进行，并按照Wadley法计算两种药剂不同配比联合的增效比值（SR），$SR < 0.5$ 为拮抗作用，$0.5 \leq SR \leq 1.5$ 为相加作用，$SR > 1.5$ 为增效作用。计算公式如下：

$$SR = EC_{50}（理论值）/EC_{50}（观察值）$$

$$EC_{50}（理论值）=（a+b）/（a/EC_{A50}+b/EC_{B50}）$$

咪鲜胺：嘧菌酯（5：5）的复配药剂对大多数菌株的抑制作用均有相加作用，可用于种子包衣防治镰刀菌引起的病害。

【注意事项】①咪鲜胺：嘧菌酯（5：5）的复配药剂对镰刀菌有很好的防效，但须注意种子包衣用药量，并选择合适的非活性填充物保证药效。②针对不同靶标致病菌的复配药剂，需要先进行室内毒力测定，再进行大田实际效果测定，根据实际效果调整复配药剂配比和使用量。③在避风处操作，用专用称量器具准确量取农药。④所有称量器具在使用后都要清洗，冲洗后的废液应在远离居所、水源和作物的地点妥善处理，用于量取农药的器皿不得作其他用途。⑤配制药液应选择在远离水源、居所、畜牧栏场的处所进行。⑥农药配制应现用现配，不宜久置；短时存放时，应密封并安排专人保管。

【适宜地区】全国各区域均可使用种子处理剂防治靶标病原菌，但各地区实际使用效果可能存在差异。

【技术依托单位、联系方式】

依托单位：中国农业大学植物保护学院

联系方式：蒋娜　E-mail：jn2009@139.com

15　异地早春西瓜嫁接育苗技术

【技术简介】四川地区的西瓜嫁接苗一般在 1 月进行，正值四川盆地的气温最低，且日照时数最少的季节。此时成都地区月平均温度 6.3℃，夜间温度仅有 4℃。嫁接苗成活率偏低且猝倒病等苗期病害较多，但西瓜嫁接只能采用温床育苗，温床培育嫁接苗技术可以提高西瓜嫁接苗成活率，种植户的嫁接成活率在 65%～80%，单株成本也增加了 12%左右，每株成本高达 0.85 元。攀枝花米易地区 1 月的日照时数 200h，较成都（30h 左右）高 6 倍，月平均温度 13℃，最低温度 7℃的自然条件，西瓜进行冷床育苗，嫁接苗的成活率可以达到 90%以上。米易育苗后再运回成都地区嫁接苗的育苗成本为 0.65 元/株，较成都本地育苗降低 0.2 元/株，按照每亩种植 500 株计算，可降低用苗成本 100 元/亩。研究充分利用攀西地区的气候条件进行异地育苗不仅可以提高嫁接成活率，降低农药的使用量，还可以使农民的亩种植成本降低 100 元，节本增效显著，在嫁接防病技术的推广过程中可以加大异地育苗的推广示范力度。

【技术操作关键要点】

（1）育苗时间

1 月上旬播种砧木，1 月中旬播种接穗，接穗刚刚“摘帽”或尚未“摘帽”即可嫁接。

（2）嫁接方法

顶插法。

（3）管理方式

采用小拱棚+中棚+大棚的三层覆盖方式。嫁接苗成活的适宜温度为 15～28℃。嫁接前 3d 嫁接苗上覆一层地膜，小拱棚内湿度 90%左右，采用遮阳网遮阴，保留 30%左右的透光率。3d 后逐渐增加通风时间和透光率。当嫁接苗长出真叶时，可转入常规管理。待 12 月中下旬，嫁接苗长至 2 叶 1 心时，可出苗圃。

【注意事项】中午光照强时需遮阴 1～2h。远距离运输一般采用纸箱包装。

【适宜地区】四川地区及冬季气候条件相似的地区。

【技术依托单位、联系方式】

依托单位：四川省农业科学院

联系方式：蔡鹏　028-84590536

16 高效嫁接育苗技术

【技术简介】西甜瓜嫁接育苗可以有效减轻设施土传病害、土壤盐渍化和逆境（低温高湿）的影响，而且根系发达，在减肥减药生产中作用明显，规范了西甜瓜嫁接育苗技术，嫁接速率提高5%~8%，促进了设施西甜瓜生产的健康发展。该技术在河北省乐亭县育苗3 000万株，曲周县1 500万株，阜城县1 500万株，清苑区2 000万株。

【技术操作关键要点】

（1）插接法

当砧木两片子叶展平至第一片真叶开始出现为嫁接的适宜时期，一般真叶直径2. 0cm以下，胚轴6cm以下；接穗苗当两片子叶展开以前即可嫁接，嫁接前用刀片将接穗从茎基部断根，嫁接时去掉砧木生长点，用竹签紧贴子叶叶柄中脉基部向另一子叶柄基部成45°左右斜插，竹签稍穿透砧木表皮，露出竹签尖，在接穗基部0. 5cm处与子叶平行方向斜削一刀，切面长0. 5~0. 8cm，拔出竹签，将切好的接穗迅速准确地斜插入砧木切口内，尖端稍穿透砧木表皮，使接穗与砧木吻合，子叶交叉呈“十”字形。竹签粗细与接穗下胚轴的一致，竹签插入角度与接穗切口角度一致，接穗切削的速度与嫁接的速度一致。

（2）贴接法

砧木幼苗子叶展平，初显真叶；接穗幼苗子叶初展未见真叶时为适宜嫁接时期。用刀片斜向下约30°切掉砧木真叶和1片子叶，留1片子叶，切口长度大约为1cm；后在西瓜接穗苗子叶下方1cm处用刀片斜向下30°切一个与砧木苗吻合的切口，刀片与子叶展开方向平行。将砧木和接穗的切口切面紧贴在一起（如粗细不同，只需一个切面对齐即可），用嫁接夹固定好。

【注意事项】严格嫁接操作步骤，加强嫁接后的管理。

【适宜地区】适宜于设施西甜瓜产区和育苗产业县。

【技术依托单位、联系方式】

依托单位：河北省农林科学院经济作物研究所

联系方式：0311-87652102

17　压砂瓜健康种苗技术

【技术研发背景】目前压砂瓜品种单一，供种企业高度集中，主栽西瓜品种金城五号及其同类型西瓜种子制种基地集中在甘肃酒泉、张掖等地，检疫性病害黄瓜绿斑驳花叶病毒、西瓜细菌性果斑病为害较重，中卫市年生产压砂瓜嫁接苗2亿株，面临病害集中暴发的风险。因此需要大力推广嫁接苗种子干热处理和浸种技术。从2018年开始，中卫市新阳光公司、中青公司等市内多家育苗企业陆续购进了大型种子干热处理机10余台套，目前嫁接用西瓜、砧木种子已经全部实现了干热处理。

【技术效果】近两年上述企业生产的嫁接苗未发生黄瓜绿斑驳花叶病毒疫情，从源头上控制住了检疫性病害。经过种子浸种处理后嫁接苗苗期果斑病发病率降到5%以下。目前上述产品已在中卫市新阳光公司、塞上江南公司、天瑞公司、百利公司等育苗企业成功应用，其中用"杀菌剂1号"处理西瓜种子600kg，生产嫁接苗600万株，种植的2.4万亩压砂瓜田间发病率在0.1%以下。而未处理的西瓜种子嫁接后田间果斑病有零星发生。目前健康种苗技术已经示范推广10万亩以上。

【技术操作关键要点】

（1）种子干热处理技术

采用专用种子干热处理机，35~45℃处理10h左右，主要是降低种子水分，时间可以根据种子的含水量决定。55~65℃预高温处理，一般用5~10h都可以，主要还是要进一步烘干水分，降到3%左右，基本无法再降低，下一步的高温处理就比较安全。70~72℃恒温处理一般需要48h左右。然后逐步降温到40℃左右，取出后自然降温，半年内尽快使用，否则影响发芽率。

（2）种子细菌性果斑病处理技术

针对目前西瓜种子普遍携带果斑病病原菌的实际情况，在示范"杀菌剂1号"种子处理药剂的同时，引进了陕西西大华特公司生产的"拌生源"（4%噻霉酮·咯菌腈）、"细刹"（3%噻霉酮）两种果斑病种子处理药剂，进行病害的源头防控。

杀菌剂1号：200倍液浸种1h，紧接着用清水浸泡5~6次，每次30min，再催芽播种。

细刹：3%噻霉酮800倍液浸泡30min，种子清洗2~3次，每次10min，再浸种催芽。

伴生源：4%噻霉酮·咯菌腈200g原药加3L水，可拌50kg西瓜种子，然后用于直接播种。

【注意事项】经过干热处理后的种子应在半年内尽快使用，否则影响发芽率和发芽势。药剂浓度和浸种时间一定要把握好，提前对没有处理过的种子进行少量处理试验，以免大量处理种子时出现药害。

【适宜地区】适宜宁夏、甘肃等压砂西瓜主产区。

【技术依托单位、联系方式】

依托单位：宁夏农林科学院园艺研究所

联系方式：杨万邦　0951-6886778　E-mail：514352423@qq.com

18 高温闷棚技术

【技术简介】设施西甜瓜周年种植导致连作障碍日趋严重，尤其是土传病害（如枯萎病）的为害，现已成为限制设施西甜瓜稳产增收与可持续发展的重要因素。在每年设施西甜瓜生产的淡季，如7—9月高温季节，可利用高温闷棚技术解决上述问题。该技术就是通过密闭棚膜，利用太阳光增加棚内温度，有时辅以药剂熏蒸，以杀死棚室周边及土壤的病菌虫卵，是设施西甜瓜生产中一项很好的减肥减药措施。对土壤具有较强的消毒作用，还能加速秸秆分解，提高土壤有机质和速效氮的含量，降低土壤盐分含量，改善土壤微生态环境。已在河北省新乐市使用1万亩，阜城县1万亩，清苑区5 000亩，乐亭县1万亩，应用前景广阔。

【技术操作关键要点】在6月底至7月初西甜瓜收获后，清除作物的残体，除尽田间杂草，运出棚室外集中深埋或烧毁。将作物秸秆及农作物废弃物，如玉米秸、麦秸、稻秸等利用器械截成3～5cm的尺寸片段，玉米芯、废菇料等粉碎后，以1 000～3 000kg的亩用料量均匀地铺撒在棚室内的土壤表面。有机肥的种类用量可根据土壤肥力、下茬作物类型及种植模式选择决定。将鸡粪、猪粪、牛粪等腐熟或半腐熟的有机肥3 000～5 000kg，均匀铺撒在有机物料表面，也可与作物秸秆充分混合后铺撒。在有机物料的表面每亩均匀地撒施氮磷钾有效含量为15：15：15或17：17：17的三元复合肥30kg或磷酸二铵15kg（也可用10kg尿素加40kg过磷酸钙）和硫酸钾15kg。有机物料速腐剂，以亩用量6～8kg的标准均匀地撒施在有机物料表面。也可不加有机物料速腐剂进行闷棚。

深翻25～40cm，后整地做成利于灌溉的平畦。加施有机物料速腐剂的棚室，对棚室内土壤或基质进行灌水至充分湿润，相对湿度达到85%左右（即地表无明水，用手攥土团不散）。不撒施有机物料速腐剂的棚室，相对湿度可达100%（即大水漫灌至地表见明水）。棚室内部无立柱的，可选用地膜或整块塑料薄膜进行地面覆盖；棚室内有立柱的，可选用地膜或小块塑料薄膜覆盖，并密封棚室周边各个接缝处。封闭棚室并检查棚膜，修补破口漏洞，并保持清洁和良好的透光性。密闭后的棚室，保持棚内高温高湿状态25～30d。其中至少有累计15d以上的晴热天气。期间应防止雨水灌入棚室内。闷棚可以持续到下茬作物定植前5～10d。打开通风口，揭去地膜覆盖，进行晾棚。消毒后的棚室内土壤几乎处于无菌状态。待地表干湿合适后，可整地作畦为下茬作物栽培做准备。

【注意事项】不论是加入秸秆等有机物，还是加入石灰氮进行高温闷棚，或是单纯的高温闷棚，都需要在闷棚后增施生物菌肥，补充土壤中的有益菌，平衡菌群。

【适宜地区】设施西甜瓜产区。

【技术依托单位、联系方式】

依托单位：河北省农林科学院经济作物研究所

联系方式：0311-87652102

19　蜜（熊）蜂授粉技术

【技术简介】授粉技术是保护地农业发展的重要配套技术之一。西甜瓜生产上主要采用人工蘸花和激素处理等方法促进坐果。这些方法虽有一定的效果，但都存在着不同的弊端，如人工蘸花不但费工费时，劳动强度大，而且坐果率低，畸形果率高；激素处理在增加产量上较为理想，但果实品质差，畸形果率高，更为重要的是还会造成激素污染或残留，使消费者对购买反季节产品存在恐慌心理，尤其在早春和冬季的低温时期。蜜（熊）蜂授粉技术是实现简约化栽培的重要措施和技术支撑，具有增产显著、提高品质、省时省力的优势，是一项应大力推广和普及的无公害配套措施之一，每亩节省授粉用工4~5个，亩节本200元以上，含糖量提高0.5~1.5个百分点，适合高品质西甜瓜产品生产。在河北省阜城县应用1.5万亩，乐亭县1万亩，清苑区1万亩。

【技术操作关键要点】

（1）熊蜂授粉

以甜瓜为例，应提前保持良好的通风，去除设施内的有害气体或气味。检查设施是否严密，防止熊蜂散失。坐瓜节位雌花开放前1~2d傍晚将蜂箱放入，第二天早晨打开巢门。蜂箱应放置在设施中央的垄间支架上，支架高度30~50cm，水平放置，巢门向南。放置时避免振动或摇摆，切忌斜放或倒置。注意防晒、隔热、防湿、防蚂蚁。上方30~50cm处加遮阳网和防水设施，避免阳光直射和水滴到蜂箱上。一般每600~700m^2设施放置一个标准蜂箱；大型连栋温室每1 000 m^2放置一个标准蜂箱。在箱子周边放置盛水的浅碟子，水上浮一些草秆或小树枝，供熊蜂饮水攀附，2~3d更换一次水。

通过观察进出巢门的熊蜂数量来判断蜂群的活动情况。在晴天上午9：00—11：00，如果20min内有8只以上的熊蜂进出蜂箱，则表明蜂群活动正常；如发现蜂群活动不正常应分析原因并及时处理。授粉结束后，将蜂箱巢门设置成只进不出的状态，在晚上熊蜂回巢后关闭巢门，然后将蜂箱移出。如蜂群活力旺盛，收蜂后移入其他棚室，静止1h后，再打开巢门，继续授粉。连续阴雨天花粉较少时需要饲喂少量花粉；熊蜂访花后会在花柱上形成吻痕标记，标记颜色随时间推移由浅变深，80%以上的花带有此标记，则授粉正常。如发现田间花1/2以上变黑，应隔天关闭出蜂口，防止熊蜂访花过度。果实坐住后进行疏瓜，选留节位适宜、瓜形周正的果实，薄皮甜瓜每株保留3个瓜，厚皮甜瓜保留1~2个瓜，调整温湿度条件，加强水肥管理。

（2）蜜蜂授粉

以西瓜为例，第一雌花节位开放时，于傍晚将蜂箱放入棚室，30min后打开巢门。一般每2 000~3 000m^2棚室放置一个标准蜂箱。授粉蜜蜂进入场地后，蜂箱摆放在棚中央，西瓜垄间支架上，支架高度20~30cm，水平放置。放置时应避免振动或摇摆，不应斜放或倒置。注意防晒、隔热、防湿、防蚂蚁。蜂箱上方30~50cm处加盖遮阳网。早春气温低，蜂群群势较弱，放蜂地应选在避风向阳处。蜂群喂0.01%的淡盐水，一般每天应采水200~300mL。在饲养器内盛水，在纱盖上放湿毛巾或在巢门口放置一个浅碟子，每隔2d换一次水。在碟子里面放一些草秆或小树枝等，供蜜蜂攀附，自行采水，以防蜜蜂溺水死亡。

授粉结束后，傍晚蜜蜂回巢后关闭巢门，将蜂箱移出授粉棚。然后将蜂箱移至新的棚室，立即打开巢门继续授粉；如蜂群活力旺盛，一个蜂群可连续授粉 3~5 个周期，连续授粉 2 个周期以后，适当饲喂糖水（1：1），每天 500g 糖水。观察进出巢门蜜蜂数量来判断蜂群的活动情况。在晴天上午 9：00—11：00，如果 20min 内有 8 只以上的蜜蜂进出蜂箱，则表明蜂群活动正常。如果发现蜂群较弱，或活动不正常时，应及时更换蜂群，保证授粉正常进行。

【注意事项】

（1）防止攻击

避免强烈振动或敲击蜂箱；熊蜂对于蒸汽、酒精及香水、肥皂等的气味较敏感。此外，戒指、项链和手表也可引发熊蜂的攻击行为（由于戒指等与皮肤接触而产生的氧化物的气味）；与熊蜂共处时要保持平静心态，以防产生急促的呼吸气流。

（2）用药安全

使用过吡虫啉等长效缓释杀虫剂的不适宜用熊蜂授粉，在授粉前一周及授粉期间禁止使用任何对熊蜂有毒有害作用的农药。如果必须施药，应尽量选用生物农药或低毒农药。

【适宜地区】设施西甜瓜优势产区。

【技术依托单位、联系方式】

依托单位：河北省农林科学院经济作物研究所

联系方式：0311-87652102

20 压砂瓜无人机喷药技术

【技术研发背景】压砂瓜多年连作，病原菌积累多，病虫害逐年加重，防控难度大，人工防治费用高。当地防治多以化学农药为主，农户不注重科学防治，化学农药过量使用。而宁夏有将近100万亩压砂瓜，产区集中连片，非常适宜无人机等机械化植保作业。

【技术效果】利用无人机作业速度快、防治面积大的特点，可以有效降低化学农药用量和作业成本，实现农药减量40%以上，每亩节省人工和农药成本22元。2019年6月下旬，宁夏中卫压砂瓜产区持续了多年罕见的10d连阴雨，压砂瓜叶面病害很容易集中暴发，研究人员联合海原县农业农村局、宁夏尚博植保公司开展大规模无人机应急防控工作，作业面积3万余亩，有效控制了叶面病害的集中暴发，通过应用新型植保无人机统防统治，实现化学农药减量40%以上。通过减施化学农药、添加农药增效助剂，可以获得与传统施药相当或更好的效果，目前种助剂已在压砂瓜生产中大量应用，通过无人机作业，在中卫市沙坡头区香山乡、海原县、红寺堡区示范推广了7.8万亩。

【技术操作关键要点】利用化学杀菌剂与不同高效助剂分别混合后进行压砂瓜病害防治，化学农药选用绿妃、阿米妙收、亮泰、苯醚甲环唑、吡唑醚菌酯、苯甲·啶氧等药剂，由传统的每次每亩30mL减量35%~40%，配施激健、农飞健、U伴等10~15g农药增效助剂或飞防助剂。

【注意事项】大风易导致药剂飘逸，避免大风天气作业。

【适宜地区】适宜宁夏、甘肃等压砂西瓜主产区。

【技术依托单位、联系方式】

依托单位：宁夏农林科学院园艺研究所

联系方式：杨万邦　0951-6886778　E-mail：514352423@qq.com

西甜瓜农药减施新产品

1 复合微生物菌剂

【菌剂介绍】 本产品是针对西甜瓜连作引起的土传病害问题而研发的一种新型微生物菌剂。本产品是代谢产物丰富的多粘类芽孢杆菌与抑菌效果显著的链霉菌复合制剂，有效活菌数≥2.0 亿/g，该制剂应同时具备活性产物制剂的速效、稳定性和活体菌剂的持效性，不仅有效预防和控制土传病害，兼有促生、改善品质的效果，可应用于蔬菜、果树等。

复合微生物菌剂田间施用效果

一是可防控枯萎病、立枯病、猝倒病、根腐病和黄萎病等土传病害，以及灰霉病等；二是能够在土壤根际定殖，改善土壤环境，降低多种病害的发生率；三是与作物共生养根，促进根茎叶生长健壮，抗性明显提高；四是能起到减肥、减药的作用。

【技术操作关键要点】 针对瓜类根腐、枯萎病害，大棚草莓、黄瓜、番茄和辣椒等可在翻地时使用复合微生物菌剂（5~10kg/亩）于土壤中。为保证种苗的无毒性，可在育苗时在育苗基质中按照每棵苗 1.5g 固体菌剂混拌或者液体复合菌剂 100 倍液 50mL 混于育苗基质中，生长期采用复合菌剂液体制剂浇灌 2~3 次。

【注意事项】 ①产品避免与杀菌剂同时使用；②贮存于阴凉干燥处；③避免开袋后长期不用；④避免在高温、干旱条件下施用。

【适宜地区】 在西甜瓜基质育苗及设施栽培中均可使用。

【技术依托单位、联系方式】

依托单位：北京市农林科学院

联系方式：吴慧玲　13811947307

2 捕食性瓢虫卵卡

【产品简介】捕食性瓢虫，包括七星瓢虫（*Coccinella septempunctata*）和异色瓢虫（*Harmonia axyridis*），是西甜瓜主要害虫瓜蚜的优势天敌，可在全国各地设施和连片露地西甜瓜产区应用于瓜蚜防治。捕食性瓢虫卵卡，卵期3~4d，方便低温保存和快递运输；瓢虫卵卡投放后孵出的瓢虫幼虫期在田间15~25d，平均每天可捕食瓜蚜50头以上；瓢虫成虫在田间可以存活120d以上，平均每天可捕食瓜蚜100头以上，雌虫可产卵1 000头以上。总体来讲，捕食性瓢虫卵卡具有适应区域范围广、瓢虫捕食量大、繁殖能力强等特点，对瓜蚜具有较强的控制作用。

捕食性瓢虫卵卡防治瓜蚜应用

【产品特点】瓢虫种类：七星瓢虫和异色瓢虫。

产品规格：平均卵量>30粒/卡，孵化率>70%。

产品颜色：淡黄色至黄色。

防治对象：各种作物蚜虫。

应用地区：全国各地。

【技术依托单位、联系方式】

依托单位：四川省农业科学院

联系方式：蒲德强　18581868405

3 风力辅助式施药技术装备

【装备简介】针对目前我国农药使用量大、利用率低、病虫害综合防治水平落后等问题，基于风力辅助下药液二次雾化技术，对我国设施西甜瓜病虫害防治广泛使用的背负式电动喷雾器进行了优化提升，创制风力辅助式施药技术与装备。采用激光粒度分析法对液力雾化、气流辅助喷雾等不同雾化分散技术及参数下的雾滴粒谱进行了测定。试验结果表明：对电动喷雾器的液力雾化喷头进行气流辅助喷雾，可减小雾滴粒径（VMD）与雾滴谱宽度，从而有利于提高药液雾化分散效率和向靶标冠层运行、分布性能。该装备已在山东、辽宁、湖北、江苏、安徽等地进行示范推广，推广面积1万亩。示范效果表明该装备较传统背负式电动喷雾器减施农药35%，农药利用率提高12%，经济效益增加200元/亩。

风力辅助式施药装备

【装备操作关键要点】技术核心是通过高速风力辅助，使药液在喷头出口处二次雾化，形成超细气雾滴，在风力辅助下，增加了雾滴在作物冠层间的穿透性，极大地改善了雾滴在叶片上的沉积均匀性，减少飘失，从而使雾滴在作物叶片上的分布更均匀，提高农药利用率。

【注意事项】应用推广的过程中需注意按照使用说明书进行器械操作。

【适宜地区】山东、辽宁、湖北、江苏、安徽等地。

【依托单位、联系方式】

依托单位：农业农村部南京农业机械化研究所

联系方式：龚艳　15366093017

4　西甜瓜植株冠层特性的对靶均匀喷雾技术与装备

【装备简介】针对设施吊蔓西甜瓜冠层特性与施药技术要求，创制了可控雾滴智能对靶喷雾机与遥控式履带自走喷杆喷雾机2种西甜瓜对靶均匀喷雾技术装备，结合我国西甜瓜病虫害机械化防治水平，减少化学农药施用以及化学农药造成的农业面源污染，为推动我国西甜瓜生产绿色提质增效提供了技术与装备支撑。该装备基于可控雾滴喷雾技术与激光扫描靶标识别技术，对智能对靶喷雾机的关键部件、智能识别系统、喷雾集成装置进行优化改进与试验研究。智能喷雾机可实现射程8m以上，喷雾雾滴粒径无级可控（50~100μm），可在预先铺设的轨道上循迹自走与对靶精准喷雾复式作业，提高了农药雾滴向作物冠层运行的对靶性和沉积分布均匀性，在减量施药的前提下提高了防效，适用于不同生长期、不同种植行距的设施吊蔓西甜瓜的病虫害防治。试验结果表明，较传统喷雾装备减施农药35%，农药利用率提高12%，经济效益增加200元/亩。

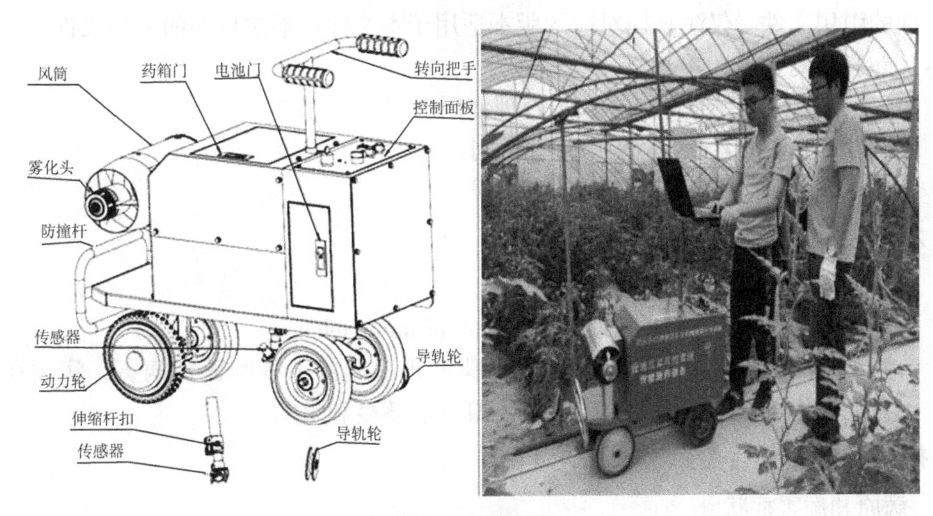

对靶均匀喷雾装备

【装备操作关键要点】可控雾滴智能对靶喷雾机采用激光雷达靶标识别、自动化控制、风力辅助喷雾等技术，实现雾滴粒径精准可控、智能循迹行走以及对靶变量喷雾作业；遥控式履带自走喷杆喷雾机基于垂直喷雾沉积分布、粒径分布等试验研究与CFD模拟，获得了立式喷杆最优结构参数及工作参数，实现了遥控与对靶精准喷雾作业。

【注意事项】应用推广的过程中需注意按照使用说明书进行器械操作。

【适宜地区】山东、江苏、安徽等地。

【依托单位、联系方式】

依托单位：农业农村部南京农业机械化研究所

联系方式：龚艳　15366093017

西甜瓜农药减施技术规程

1 西瓜细菌性果斑病诊断及防治技术规程

1 范围

本文件规定了西瓜细菌性果斑病的症状观察、田间快速检测、病原菌分离培养检测、PCR 检测及病害综合防治。

本文件适用于西瓜噬酸菌引起的西瓜细菌性果斑病的诊断及防治。

2 规范性引用文件

下列文件中的内容通过中文的规范性引用而构成本文件的必不可少的条款。其中，注日期的引用文件，仅注日期对应的版本适用于本文件；不注日期的引用文件，其最新版本（包括所有的修改单）适用于本文件。

GB/T 8321（所有部分） 农药合理使用准则

NY/T 1276 农药安全使用规范 总则

NY/T 2919 瓜类果斑病防控技术规程

3 术语及定义

下列术语和定义适用于本文件。

西瓜细菌性果斑病 Bacterial fruit blotch of watermelon

由西瓜噬酸菌（*Acidovorax citrulli*）侵染西瓜引起的一种细菌性病害，病菌在西瓜整个生育期内均可侵染，主要为害子叶、真叶、茎蔓和果实。

4 病害诊断

4.1 病原和病害症状

病害典型症状及病原相关信息见附录 A。

4.2 症状观察

4.2.1 幼苗期

幼苗期子叶发病，初期出现水浸状褪绿斑，后渐变为暗棕色，常沿主脉逐渐发展为不规则的暗绿色至褐色、黑褐色坏死病斑。高温高湿情况下，病斑处有菌脓溢出，干后形成白色发亮的菌膜。

4.2.2 成株期

真叶发病，初期形成水渍状暗棕色小斑点，病斑较小，周围有黄色晕圈，病斑通常沿叶脉发展，叶片正面形成褐色多角形、条形或不规则形病斑。在高湿的环境下，叶片背面病斑处可溢出菌脓，干后呈白色膜状。此病亦危及叶柄和茎蔓，病叶很少脱落。

4.2.3 果实

果实发病初期为水渍状斑点，病斑迅速扩展，边缘不规则，颜色加深呈暗橄榄绿色，并向果肉腐烂蔓延；湿度大时病斑上产生透明黏稠状物，干燥后呈白色膜状或粉状物。

早期形成的病斑老化后表皮龟裂，常溢出黏稠、透明的琥珀色菌脓，果实很快腐烂。

4.3 田间快速检测

对疑似果斑病症状的幼苗、叶片、果实等发病部位可直接利用商品化胶体金试纸条进行快速检测，按照说明书进行操作及结果判定。结果为阳性则初步判定为西瓜细菌性果斑病。

4.4 病原菌实验室检测

4.4.1 显微镜检测

在显微镜下观察新鲜病害样品病健交界处组织有无喷菌现象，若有喷菌现象，则认定为细菌病害。

4.4.2 病菌分离培养

选取具有喷菌现象的病健交界处组织，切成 3mm×3mm 左右的小块，用 75%的乙醇表面消毒 40~60s，用无菌水清洗 3 次，然后将其移至装有 1mL 无菌水的灭菌培养皿，用灭菌剪刀将其剪碎，制成细菌悬浮液。用灭菌接种环蘸取细菌悬浮液在含有 50μg/mL 氨苄青霉素的营养琼脂培养基（NA）半选择平板培养基上划线分离，28℃恒温培养 48h，长出的菌落初步认定为西瓜噬酸菌。

4.5 PCR 检测

4.5.1 DNA 模板制备

将 4.3.2 中分离培养的细菌菌株用无菌水稀释成≥10^5cfu/mL 的菌悬液做模板。

4.5.2 PCR 凝胶电泳检测

4.5.2.1 特异性 PCR 引物

WFB1/WFB2（5′-GACCAGCCACACTGGGAC-3′/5′-CTGCCGTACTCCAGCGAT-3′）。

4.5.2.2 PCR 反应体系

10×PCR 缓冲液 2.5μL，dNTP 2.0μL，上游引物 1.0μL，下游引物 1.0μL，*Taq* DNA 聚合酶 0.4μL，细菌悬浮液 1.0μL，重蒸水 17.1μL。

4.5.2.3 PCR 反应循环参数

94℃预变性 5min；94℃变性 30s、55℃退火 30s、72℃延伸 30s，35 个循环；72℃延伸 7min；4℃保存。不同仪器可根据仪器要求将反应参数做适当调整。

4.5.3 PCR 产物琼脂糖凝胶电泳检测

PCR 产物用 1.5%的琼脂糖凝胶进行电泳，凝胶成像系统观察、拍照。若在 360bp 处出现特异性条带则表明病样中含有西瓜噬酸菌，该病害为西瓜细菌性果斑病。

5 病害综合防治

5.1 地块选择

应选择地势高燥、排水良好的地块，避免雨后积水。

5.2 轮作倒茬

与非葫芦科作物轮作，轮作间隔期至少 5 年。

5.3　种子处理

5.3.1　播种前将西瓜种子（直播或用于嫁接育苗的砧木和接穗的种子），可选用下列方法之一进行种子处理：

a）播种前，可将种子浸入50~55℃的温水中15~30min，边浸泡边搅拌，用清水洗净后晾干待催芽或播种；

b）40%的甲醛200倍液浸种60min；

c）2%盐酸浸种5min；

d）0.3%~0.5%次氯酸钠浸种15min；

e）40%过氧乙酸（Tsunami 100）80倍液浸泡30min。

5.3.2　浸种期间需搅拌2~3次，保证所有种子均匀着药，浸种后用清水充分冲洗3~4次，每次洗10min，待催芽或播种。

5.4　苗期防病

5.4.1　苗情观察及病苗处理

在出苗后子叶展开时观察子叶是否发病，继而观察真叶是否受到侵染。苗床中一旦出现与西瓜细菌性果斑病相似的症状，应及时拔除并进行无害化处理，并对幼苗喷药保护，控制病害的传播。

5.4.2　选苗移栽

选用健康西瓜苗进行移栽。

5.5　农事操作

5.5.1　工具消毒

嫁接、移栽、理蔓、选瓜等农事操作过程中对手和工具等进行消毒处理。可选用75%酒精、40%甲醛50倍液浸泡工具5~15min。

5.5.2　病残体处理

及时清除田间染病植株、果实，将其集中带到田外进行无害化处理。

5.5.3　注意事项

避免在叶片露水未干的感染田块中工作。

避免将发病田中用过的工具带到无病田中使用。

在嫁接、移栽、理蔓及选瓜等农事操作前后可喷施5.7.1中药剂进行预防。

5.6　肥水管理

5.6.1　施肥

氮、磷、钾配合施用，增施有机肥及生物菌肥，避免过量施用氮肥。

5.6.2　灌水

在水分能够满足作物需求的情况下尽量不浇水或少浇水，避免大水漫灌。

5.7　药剂防治

5.7.1　药剂种类

病害防治可选用53.8%氢氧化铜水分散粒剂、47%春雷·王铜可湿性粉剂。使用方法见表1。

表1　西瓜细菌性果斑病防治药剂种类及使用方法

药剂名称	使用时期	用药量（g/亩）	施用方法	最多使用次数
47%春雷·王铜可湿性粉剂	成株期	95~100	常规喷雾	3
46%氢氧化铜水分散粒剂	成株期	40~60	常规喷雾	3

注：本表中药剂种类来自 NY/T 2919—2016，用药量及使用方法来自中国农药信息网。

5.7.2　注意事项

药剂的使用应按照 GB/T 8321（所有部分）和 NY/T 1276 的规定执行。

农药投入品管理按附录 B 的要求执行。

施药应均匀、周到、细致。

不同药剂应轮换使用。

注意雨后要及时喷药预防。

2 西瓜蔓枯病综合防控技术规程

1 范围

本文件规定了西瓜蔓枯病的术语和定义、防控方法、生产档案等技术要求。

本文件适用于湖南省西瓜种植区蔓枯病的综合防控。

2 规范性引用文件

下列文件对于本文件的应用是必不可少的。凡是注日期的引用文件，仅所注日期的版本适用于本文件。凡是不注日期的引用文件，其最新版本（包括所有的修改单）适用于本文件。

GB 4285　农药安全使用标准

NY/T 393　绿色食品　农药使用准则

3 术语和定义

3.1　西瓜蔓枯病　Gummy stem blight

由子囊菌亚门真菌球腔菌属的瓜类球腔菌引起的一种真菌性病害。

3.2　综合防控 Comprehensive Prevention and Control

指采用农业防治、物理防治、生物防治、生态调控及科学、合理、安全使用化学农药的技术，达到有效控制农作物病虫害的目的。

4 防控方法

坚持“预防为主，综合防治”的方针，以农业防治为基础，优先使用物理防治、生物防治方法，根据蔓枯病发生规律，科学安全地使用化学防治技术。

4.1　农业防治

4.1.1　选择对蔓枯病具有较好抗性的优质、多抗、高产西瓜品种。

4.1.2　选择光照充足、土壤深厚肥沃、排灌方便、地势较高的地块种植。

4.1.3　与非瓜类作物实行3~5年轮作，或水旱轮作。

4.1.4　保持田间清洁，发现病枝或病叶时，要及时清除，带出田外销毁或者深埋。病株穴要撒施生石灰处理。收获后，彻底清理田园病残体及杂草。

4.1.5　种植田结合旋耕于定植前15d施生石灰50~80kg/亩消毒。施足基肥，采用腐熟有机肥和饼肥，配合氮、磷、钾肥均衡使用，果实坐稳并达鸡蛋大小时及时追肥。

4.1.6　采用高畦、地膜覆盖栽培，开深沟，及时排水，使用滴灌，避免串灌、漫灌。

4.2　物理防治

4.2.1　种子用55℃温汤浸种20~25min后，置于自然冷却水中4~6h，沥干备用。

4.2.2　种植田土壤深耕翻晒、夏季高温季节闷棚杀菌。

4.3　生物防治

100亿芽孢/g枯草芽孢杆菌可湿性粉剂200g/667m^2，采用灌根法施用，每月用药1~2次，西瓜全生育期均可使用。或者用2亿有效活菌/g木霉菌剂80kg/667m^2，做底肥使用。

4.4　化学防治

4.4.1　用种子量0.1%的99%噁霉灵可湿性粉剂拌种，拌药后及时播种。或者用50%多菌灵可湿性粉剂500倍液浸种60min。

4.4.2　育苗土消毒：育苗土用99%噁霉灵可湿性粉剂1 000倍液喷洒，充分拌匀；50%甲霜灵可湿性粉剂制成药土比0.1%的消毒土，铺在育苗盘（钵）上层。

4.4.3　移栽前用25%苯醚甲环唑乳油3 000倍液喷雾，幼苗带药移栽。

4.4.4　首选高效低毒农药，注意农药交替使用。

5　生产档案

在田间调查蔓枯病发生情况和防治效果，具体调查内容及记载表格见表1，档案应保存2年以上。

表1　生产档案

日期	品种	前茬作物	发病率（%）	防控方法（包括使用种类、配比、施用方法）	安全间隔期	防治效果（%）	记录人

3 南瓜实蝇综合防治技术规程

1 范围

本标准规定了南瓜实蝇 *Bactrocera*（*Zeugodacus*）*tau*（Walker）防治技术规范中的术语、原则及技术。

本标准适用于我国南瓜实蝇的防治。

2 引用文件

以下文件对于本标准的制定是必不可少的。引用文件的版本以所注明日期更新的为准。凡是不注明日期的引用文件，以其最新版本为准。

GB 4285 农药安全使用标准

GB/T 8321（所有部分）农药合理使用准则

GB/T 23416.1 蔬菜病虫害安全防治技术规范　第一部分：总则

3 术语和定义

下列术语和定义适用于本标准。

3.1　监测 Monitoring

长期的、固定时间的调查和观察工作，具体表现为采用一定的技术手段了解南瓜实蝇的区域发生情况：如发生面积、为害对象、发生时期以及为害程度等。

3.2　发生区 Occurrence area

有南瓜实蝇分布及造成为害的区域。

3.3　适生区 Suitable distribution area

气候及食物等环境条件适宜于南瓜实蝇生长发育和繁殖的区域。

3.4　综合防治 Integrated Pest Management

从农业生态系统的整体观念出发，根据南瓜实蝇与农作物的生长发育规律，因地因时制宜，协调运用各种必要的防治措施，本着安全、有效、经济、简便的原则，将南瓜实蝇种群数量控制在经济受害允许水平以下。

4 防治原则与技术措施

4.1　防治原则

贯彻“预防为主、综合防治”的防治策略。根据南瓜实蝇的识别特征、发生特点对其进行准确的鉴定和发生动态监测，并根据监测的结果对该虫采取及时可行的防治措施。防治时应当以农业防治为基础，协调应用物理防治、生物防治和化学防治等技术，实施区域化综合管理。

4.2　南瓜实蝇的识别特征及发生特点

4.2.1　分类地位

南瓜实蝇（也称南亚果实蝇），学名 *Bactrocera*（*Zeugodacus*）*tau*（Walker），俗称“针蜂”，幼虫称“瓜蛆”，属于双翅目（Diptera）实蝇科（Tephritidae）寡毛实蝇亚科（Dacinae）果实蝇属（*Bactrocera*）镞果实蝇亚属（*Zeugodacus*）。

4.2.2　形态识别

成虫：头黄色或黄褐色，颜面具2个黑色颜面斑。单眼鬃弱，后头鬃不发达。胸部中胸盾片黄褐色或淡棕黄色，缝后有3个黄色纵条，其中的2个侧条终止于翅内鬃之后。黑色的斑纹包括介于黄色中侧条之间的大片区域、肩胛后至横缝间的两大斑、盾片中央自前缘至缝后黄色中纵条前端的一狭纵纹。小盾片黄色，基部有一黑色狭横带。肩胛、背侧胛及缝前1对小斑均为黄色。头、胸部鬃序正常，其中下侧额鬃3对，上侧额鬃1对，小盾鬃2对。前缘带褐色于翅端部扩延成一椭圆形斑；雄虫臀条较雌虫宽，伸达翅后缘；A_1+ CuA_2脉段周围密被微刺。足黄色，中、后胫节红褐色或褐色。腹部黄色或黄褐色，第2、第3背板的前缘各有一黑色横带；第4、第5背板的前侧角一般也有黑色短带；第3~5背板的中央有一黑色长纵条，与第3节背板黑色横带相交成“T”字形。雄虫第3背板具栉毛。雌虫产卵管基节的长度约等于第4、第5两背板的长度之和；产卵管长约2.1mm，末端尖，具亚端刚毛，长、短各2对。

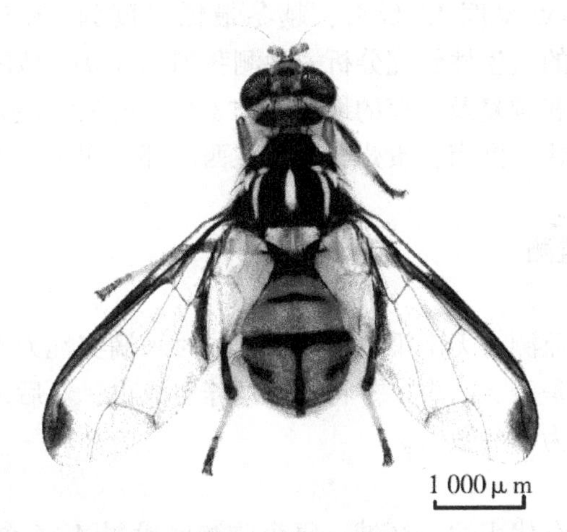

南瓜实蝇成虫形态特征

卵：梭形，乳白色，长1.0~1.2mm。

幼虫：蛆形，3龄期体长7.5~11.5mm。口感器呈圆形；口脊17~23条，缘齿短而钝。胸节微刺带：第1胸节的微刺带在背、腹面成簇排列，但腹面的不连续；第2胸节6~9行；第3胸节5~7行。前气门指状突14~18个。后气门裂较大，其长3.0~3.5倍于宽。肛叶1对，大而隆突；周围微刺带3~6行，呈间断排列。

蛹：椭圆形，黄褐色至褐色，长4.0~6.0mm。

4.2.3　分布

南瓜实蝇广泛分布于东南亚、南太平洋地区，主要分布在韩国、日本、越南、缅甸、老挝、泰国、柬埔寨、不丹、印度、斯里兰卡、菲律宾、马来西亚、印度尼西亚等国家以及我国南方地区。

4.2.4　为害与主要寄主

南瓜实蝇是一种世界性的检疫害虫，同时也是我国重要的检疫性害虫，可为害 80 多种蔬菜和水果，其主要为害南瓜、丝瓜、黄瓜、苦瓜和柑橘。雌成虫会选择良好的果实，将腹部端垂直贴紧果面，然后将产卵器刺入果肉，在果实内 5mm 深处产卵，每次可产 12~44 粒。卵期夏季为 5~6d，秋季为 10~12d。孵化出的幼虫开始在果实中心部位取食，以蛀食为害，导致果实腐烂，以致不能食用，失去经济价值；受害轻者，瓜虽不脱落，但生长不良，造成畸形，影响瓜的质量和品质。幼虫数量大时，果实未熟便落果、腐烂；当果实腐烂时，幼虫已长大，掉落土壤中化蛹。

南瓜实蝇为害甜瓜属（*Cucumis*）、南瓜属（*Cucurbita*）、丝瓜属（*Lufa*）、冬瓜属（*Benincasa*）和苦瓜属（*Momordica*）等，也为害芒果、荔枝等果实，是果蔬作物的一种重要检疫性害虫，许多国家和地区生产的南瓜、葫芦、黄瓜、西瓜、番茄、丝瓜等均受南瓜实蝇为害。

4.2.5　适生性

南瓜实蝇的发育起点温度 13.88℃，越冬最低温度为 -3.5℃，越夏最高温度为 36℃，通过对南瓜实蝇的适生性研究分析，观测我国的 670 个地区，南瓜实蝇在我国不同的地理区域可以越冬和越夏及生存的地区为 223 个，占 33.28%；其中，海南、云南、广西、广东、浙江、福建、湖南、贵州，以及江西南部、四川东部、重庆西部、台湾部分地区均为高度适生区。

4.3　南瓜实蝇的田间监测

4.3.1　调查监测

在田间随机观察，监测有无南瓜实蝇成虫，同时采摘实蝇为害果和收集地面的受害落果，在实验室内检查是否有幼虫，并将幼虫饲养至成虫，然后进行鉴定，从而监测有无南瓜实蝇为害，以及为害的数量。

4.3.2　颜色诱板监测

监测区设置：选择有代表性的区域，每个监测区设置 4~6 个监测点，每个监测点面积 667~2 000m^2，在该区域内选择 3 个面积为 100~300m^2的位点，每个位点悬挂 10~20 块色板，每块色板之间距离为 2~3m，悬挂高度为离地面 0.65~0.95m。

颜色诱板：可选择自制或订制虚拟波长为 540nm 的黄绿色诱板，规格为 30cm×40cm，双面涂粘胶。

监测方法：将以上色板悬挂于监测区域，使色板垂直挂于作物的行间，对于搭架蔬菜应顺行而挂，每隔 7d 统计板上南瓜实蝇的数量。

4.3.3　信息素引诱剂和饵剂诱集监测

监测区的设置：选择有代表性的地块及其附近区域设置监测区域，每监测区内设置 4~6 个监测点，每个监测点面积可为 3 000~5 000m^2，在该区域内选择 3 个面积约 667m^2的位点，每个位点按五点取样法，悬挂 5 个诱捕器。

诱捕器：可选用干型诱捕器（如 Steiner 诱捕器）、湿型诱捕器（如 Mcphail 诱捕器），或自制引诱瓶。

信息素和饵剂诱集监测：可使用诱蝇酮或覆盆子酮乙酸酯、对甲氧基苯丙酮和乙酸丁酯的混诱剂（比例为3：1：1）等信息素引诱剂或0.02%多杀霉素饵剂或蛋白饵剂。

监测方法：将诱剂2mL和3%甲氨基阿维菌素苯甲酸盐0.5~0.8mL加注于诱芯，或者将0.02%多杀霉素饵剂或蛋白饵剂假丝酵母丸按20g/瓶放置于诱瓶中，加适量水将其溶解；将诱瓶挂置于监测点离地1.2m处。要求诱捕器不受树叶遮蔽，没有直接阳光暴晒，通风良好。每隔7d收集诱集的南瓜实蝇，并记录数量。诱芯可根据实际情况更换（当诱芯严重变形、严重受脏物污染、吸附能力明显减低时应及时更换）。饵剂可根据实际情况而定，一般7d左右更换一次。

4.4　农业防治

4.4.1　田园清洁

及时清理前茬寄主植物的残存废弃果，当茬作物从坐果期开始，及时摘除受害果和收集落地果。对残存废弃果、受害果和落地果等进行集中销毁或深埋，深埋的深度应当大于45cm。

4.4.2　控制外来虫源传播扩散

在实施区域化防治的南瓜实蝇适生区，应避免将农产品市场或生活垃圾中南瓜实蝇寄主植物的残次果和虫害果等废弃果随意丢弃和堆积，应参照4.4.1的方法及时将其集中处理。

4.4.3　合理安排种植期

根据南瓜实蝇监测结果合理安排果蔬种植期。选择果蔬的结果期避开南瓜实蝇的成虫产卵高峰期进行错峰种植。

4.5　物理防治

4.5.1　果实套袋

果实谢花2~3d，选用无纺布、高密度聚乙烯或牛皮纸等套袋材料对健康的幼果及时套袋。套袋前宜用杀虫剂防治1次，选用的杀虫剂和使用方法如下：可选用20%噻虫嗪悬浮剂1 000~1 500倍液，或0.5%印楝素乳油1 000~1 500倍液，或20%氰戊菊酯水乳剂1 500~2 000倍液，或10%高效氯氰菊酯微乳剂1 500~2 000倍液，或5%甲氨基阿维菌素苯甲酸盐微乳剂2 000~2 500倍液，或1.8%阿维菌素微乳剂1 000~1 500倍液，或2.5%多杀菌素悬浮剂1 000~1 500倍液，或2.5%高效氯氟氰菊酯微乳剂1 500~2 000倍液，或10%烯啶虫胺水剂2 000~2 500倍液进行喷雾处理。

4.5.2　物理诱杀

参照4.3.2，通过颜色诱板进行诱杀。

4.6　生物防治

4.6.1　天敌保护

重点保护利用蝇蛹俑小蜂（*Spalangia endius* Walker）、费氏短背茧蜂［*Psyttalia fletcheri*（Silvestri）］、蝇蛹金小蜂［*Pachycrepoideus vindemmiae*（Rondani）］、印啮小蜂［*Aceratoneuromyia indica*（Silvestri）］等寄生性天敌，应选用对天敌低毒的印楝素、噻虫嗪等药剂，或对幼果进行点喷防治。

4.6.2　天敌扩繁释放

选用蝇蛹俑小蜂，利用南瓜实蝇或家蝇蛹对其进行扩繁，收集被寄生的蝇蛹进行人工释放。

4.7 化学防治

4.7.1 农药使用原则

农药的使用按照 GB 4285、GB/T 8321 及 GB/T 23416.1 中的有关规定执行。

4.7.2 选用的农药及使用方法

植株喷雾：坐果期颜色诱板或诱捕器诱集到 1~2 头成虫/d 或出现受害幼果时开始进行药剂防治，每间隔 7~10d 施药 1 次。瓜地坐果初期可对幼果进行点喷，高峰期应全园喷药，喷药时间宜选在 10:00 前或 16:00 后。选用药剂及使用浓度参照 4.5.1。

信息素诱杀：参照 4.3.3。诱捕器可悬挂于园地中的支撑物上，离地 1.0~1.5m，每 667m^2挂 4~6 个，每 20~30d 添加一次引诱剂，10d 添加一次药剂。

饵剂诱杀：参照 4.3.3。于南瓜实蝇成虫发生高峰期，使用 0.02%多杀霉素饵剂 6~8 倍液，或蛋白饵剂 2~4 倍液喷施于植物叶面，每 50m^2喷 1 个点，点喷 0.5~1.0m^2，均匀喷雾，以叶片上挂有滴状诱剂但不流淌为宜。

土壤处理：南瓜实蝇发生高峰期，在种植园浅翻地表土，使用药液喷洒土壤。可选用 0.5%印楝素乳油 1 000 倍液，或 20%噻虫嗪悬浮剂 1 000~1 500 倍液，或 1.8%阿维菌素微乳剂 1 000~1 500 倍液进行地面喷雾。

4　露地西瓜简约化生产植保技术规程

1　范围

本文件规定了露地西瓜简约化生产中品种选择、地块选择、种子处理、苗期病虫害预防、定植后田间植保综合管理。

本文件适用于露地西瓜简约化生产。

2　规范性引用文件

下列文件中的内容通过中文的规范性引用而构成本文件的必不可少的条款。其中，注日期的引用文件，仅注日期对应的版本适用于本文件；不注日期的引用文件，其最新版本（包括所有的修改单）适用于本文件。

GB 16715.1 瓜菜作物种子　第 1 部分：瓜类

GB/T 8321（所有部分）　农药合理使用准则

NY/T 1276 农药安全使用规范　总则

NY/T 2919 瓜类果斑病防控技术规程

3　品种选择

西瓜品种应抗逆性强、耐裂性强、分枝力中等、易坐果、品质优良、高产、商品性好、适合市场需要。种子质量应符合 GB 16715.1 规定。

4　地块选择

选择地势开阔平坦、土层深厚、中等肥力以上和富含有机质的壤土或砂壤土种植，土壤 pH 值=7~8 为宜，7 年以上无葫芦科作物种植、排水良好的地块。

5　种子处理植保技术

5.1　种传细菌病害防治

播种前将西瓜种子（直播或用于嫁接育苗的砧木和接穗的种子），选用下列方法之一进行种子处理。

a）播种前，可将种子浸入 50~55℃的温水中 15~20min，边浸泡边搅拌，用清水洗净后晾干或播种，或继续浸泡 8~12h 后催芽。

b）40%的甲醛 200 倍液浸种 1h。

c）1%盐酸浸种 15min。

d）0.3%~0.5%次氯酸钠浸种 15min。

40%过氧乙酸（Tsunami 100）80 倍液浸泡 30min。

【注意事项】浸种期间需搅拌 2~3 次，保证所有种子均匀着药，浸种后将药液倒出，然后用清水充分冲洗 3~4 次，每次冲洗 10min，沥干后用 25g/L 咯菌腈悬浮种衣剂进行种子包衣，直接播种或用清水继续浸泡 8~12h 后催芽。

5.2　真菌病害防治

按照 5.1 要求进行种子处理冲洗后用 25g/L 咯菌腈悬浮种衣剂按 400~600mL/100kg 种子进行种子包衣，直接播种或用清水继续浸泡 8~12h 后催芽。可有效预防枯萎病、立枯病、蔓枯病等。

5.3　病毒病害防治

如黄瓜绿斑驳花叶病毒病。用10%磷酸三钠浸种20min；或在70℃下干热处理3d。

6　苗期病虫害预防

6.1　床土消毒

每立方米苗床土加入2.5%适乐时悬浮剂100mL和68%精甲霜灵·锰锌水分散粒剂100g拌土，过筛混匀。或播种后用68%精甲霜灵·锰锌水分散粒剂400倍液和98%噁霉灵可溶性粉剂2 000倍液喷洒苗床表面，进行土壤消毒。

6.2　嫁接工具及操作人员消毒

嫁接前用75%酒精或高锰酸钾和40%甲醛100倍液或10%磷酸三钠液浸泡消毒嫁接竹签、刀片等嫁接工具。操作人员的手应及时清洗，并用75%酒精消毒。

6.3　病虫害综合防控

苗期主要病虫害有猝倒病、立枯病、细菌性果斑病和蚜虫。药剂使用要符合GB/T 8321（所有部分）和NY/T 1276的要求。

6.3.1　猝倒病

可选用72.2%霜霉威盐酸盐水剂5~8mL/m^2；或38%甲霜·福美双可湿性粉剂2~3g/m^2；或34%春雷·霜霉威水剂12.5~15mL/m^2，苗床浇施。

6.3.2　立枯病

用15%咯菌·噁霉灵可湿性粉剂350倍液；或30%甲霜·噁霉灵水剂500~1 000倍液；或60%氟胺·嘧菌酯水分散粒剂35~45g/亩，苗床浇施。

6.3.3　细菌性果斑病

及时查看苗情，一旦出现与西瓜细菌性果斑病相似的症状，应及时拔除并进行无害化处理，并对幼苗喷药保护，控制病害的传播。用0.3%四霉素水剂50~65mL/亩；或者5%大蒜素微乳剂60~80g/亩，进行喷雾防治。

6.3.4　蚜虫

可用25%噻虫嗪水分散粒剂8~10g/亩；或70%啶虫脒水分散粒剂2~4g/亩；或40%氟虫·乙多素水分散粒剂10~14g/亩，在蚜虫始发期进行喷雾防治。

7　定植后田间植保综合管理

7.1　农业防治

（1）选择无病苗进行定植。

（2）重茬地应使用嫁接苗。

（3）加强轮作倒茬。

（4）高垄和覆膜栽培。

（5）膜下软管滴灌，在水分能够满足作物需求的情况下尽量不浇水或少浇水，避免大水漫灌。

（6）及时清除田间染病植株、果实，将其集中带到田外进行无害化处理。

7.2　化学防治

主要病虫害有细菌性果斑病、枯萎病、炭疽病、蔓枯病、白粉病及蚜虫等。

农药使用要符合 GB/T 8321 和 NY/T 1276 的要求。

7.2.1　细菌性果斑病

可选用47%春雷・王铜可湿性粉剂 95~100g/亩或 46%氢氧化铜水分散粒剂 40~60g/亩进行常规喷雾；在留瓜前及花后 20d 内喷施 0.3%四霉素水剂 50~65mL/亩，或者 5%大蒜素微乳剂 60~80g/亩。

7.2.2　枯萎病

移栽或发病初期用 98%噁霉灵可溶粉剂 2 000~2 400 倍液；或 15%络氨铜水剂 200~300 倍液；或 25%咪鲜胺乳油750~1 000 倍液，每株药液量 150~200mL 灌根，间隔 7~10d 用药一次。

7.2.3　蔓枯病

发病前或发病初期，可选用 40%双胍三辛烷基苯磺酸盐可湿性粉剂 800~1 000倍液；或 60%唑醚・代森联水分散粒剂 60~100g/亩；或 325g/L 苯甲・嘧菌酯悬浮剂 30~50mL/亩；或 500g/L 嘧菌・百菌清悬浮剂 75~120mL/亩；或 45%氟菌・肟菌酯悬浮剂 15~25mL/亩；或 35%氟菌・戊唑醇悬浮剂 25~30mL/亩，常规喷雾。

7.2.4　炭疽病

发病前或发病初期，可选用 60%唑醚・代森联水分散粒剂 80~120g/亩；或 325g/L 苯甲・嘧菌酯悬浮剂 30~50mL/亩；或 75%肟菌・戊唑醇水分散粒剂 10~15g/亩；或 25%吡唑醚菌酯乳油 15~30mL/亩；或 10%苯醚甲环唑水分散粒剂 50~75g/亩；或 560g/L 嘧菌・百菌清悬浮剂 75~120mL/亩，常规喷雾。

7.2.5　白粉病

在发病前或发病初期，可选用 42.4%唑醚・氟酰胺 10~20mL/亩；或 30%氟菌唑可湿性粉剂 15~18g/亩；或 50%苯甲・吡唑酯水分散粒剂 8~16g/亩；或 20%戊菌唑水乳剂 25~30mL/亩；或 50%苯甲・硫磺水分散粒剂 70~80g/亩；或 80%苯甲・醚菌酯可湿性粉剂 10~15g/亩，常规喷雾。

7.2.6　蚜虫

在蚜虫发生初期，可选用 25%噻虫嗪水分散粒剂 8~10g/亩；或 70%啶虫脒水分散粒剂 2~4g/亩；或 35%呋虫胺可溶液剂 5~7mL/亩；或 40%氟虫・乙多素水分散粒剂 10~14g/亩。

7.2.7　注意事项

（1）药剂的使用应按照 GB/T 8321（所有部分）和 NY/T 1276 的规定执行。

（2）农药投入品管理按附录 A 的要求执行。

（3）施药应均匀、周到、细致。

（4）不同药剂应轮换使用。

（5）注意雨后要及时喷药预防。

（6）严格执行安全间隔期。

5 防控尖孢镰刀菌引起育苗期病害的西瓜种子干热处理技术规程

近几年，我国西瓜产区出现一种新的西瓜育苗期病害，导致幼苗或者嫁接苗的接穗死亡，采用嫁接育苗方法不能防止幼苗发病和接穗死亡，情况严重的发病率可高达80%。经鉴定该病害的病原菌为尖孢镰刀菌，检测表明该病害的病原菌为种子传带。经过开展相关防控技术的研究，结果表明按如下技术规程干热处理种子能够获得比较好的防控效果。

1 适应范围

本技术规程规定了携带尖孢镰刀菌的西瓜种子干热处理方法的基本程序和一般方法。

2 原理

种子传带尖孢镰刀菌的部位：种子表皮、种皮内部和种胚都会传带尖孢镰刀菌。

种子尖孢镰刀菌的带菌率，因不同的产地和不同品种等存在较大的差异。

开展干热处理的工作前，需要不断收集这方面的资料，或先进行试验研究，并总结分析结果，采取适当的处理温度和处理时间参数。

3 准备工作

在开始进行干热处理种子之前，应尽可能地了解需要处理的种子含水量范围，根据种子的含水量、品种确定干热处理的参数。

4 干热处理方法

4.1 方法

（1）一般方法：种子置于干热处理机内，按以下程序进行干热处理：低温24h，中温24h，高温72h，关闭电源，24h后取出种子，种子保存于低温库中。

（2）温度参数的确定：处理种子的最高温度因品种和种子来源不同而有差别，一般为80~82℃处理3d。种子的含水量过高时，安全有效的方法是选择阶梯式逐步提高处理温度，将处理温度从35℃逐步提高至80~82℃（最高温度），即种子先在35℃左右的温度下处理24h，接下来在50℃左右的温度下处理24h，最后在80~82℃的温度下处理72h。

（3）注意事项：进行高温处理前种子的含水量应在4%以下；干热处理机内处于不同部位的种子温度应均匀一致；干热处理机内应通风良好。

4.2 种子处理后的保存

（1）由于干热处理期间种子承受高温的压力，处理过的种子保存期为一年以内。

（2）由于干热处理后的西瓜种子通常容易被一些气传腐生菌造成第二次感染，因此建议使用杀菌型的种衣剂对处理过的种子进行包衣，以减少二次感染对种子质量的影响。

5 处理后种子的检测

经过干热处理后的种子必须进行处理效果的评价和种子质量的检测。

5.1　种子尖孢镰刀菌的检测

种子尖孢镰刀菌的检测主要采用实生苗进行检测：随机抽取 1 000 粒处理后的种子，播种于育苗穴盘中，栽培基质为灭菌蛭石。播种后的育苗盘置于日光温室中，温度为 25℃，进行正常肥水管理。种子出苗后每天调查发病情况，记载发病株数并及时清理发病植株，播种后 30~35d 终止调查，最后计算幼苗的发病率。以不处理的种子作为对照。

5.2　种子质量的检测

处理后的种子还要进行种子发芽率的检测，使种子符合安全、高质量的要求。检测方法按照农作物种子检验规程 GB/T 3543.4—1995 进行，以未处理的种子作为对照。

6 防治葫芦科作物黄瓜绿斑驳花叶病毒（CGMMV）的干热处理规程

据报道，在葫芦科作物上发生的病毒病有10多种，其中大部分可以通过种子传播。其中黄瓜绿斑驳花叶病毒（CGMMV）是葫芦科植物上的重要病害之一，该病毒因其为害的严重性，在国外已引起了高度的重视。种子带毒为主要初侵染源，生产上以种子和农事操作传播为主。2006年12月21日中国农业部颁布第788号公告，将黄瓜绿斑驳花叶病毒列为全国检疫性的有害生物。近年来，中国检疫部门多次从进口的葫芦科作物种子中检查出CGMMV，国内的学者也越来越重视对该病毒的研究，但病害的发生和为害情况还是呈越来越严重的态势，给中国葫芦科作物的生产造成了严重的威胁。日本和韩国在20世纪90年代曾大面积发生，危害严重，日本、韩国采取以种子消毒处理为主的综合控制措施使疫情得到了有效的控制，为中国控制该疫情提供了有益的借鉴。

1 适应范围

本处理规程规定了可能携带CGMMV的葫芦科作物（葫芦、西瓜和甜瓜）种子干热处理方法的基本程序和一般方法。

2 原理

（1）种子上不同部位都会携带CGMMV：①种子外表携带CGMMV：病毒的颗粒污染种子的外表；②种胚外部携带CGMMV；③种胚内部携带CGMMV。

（2）CGMMV的带毒率和存活期：CGMMV在不同寄主植物、不同品种、不同生产季节和不同产地等的种子上均存在较大的差异。

（3）不同葫芦科作物种类、不同品种和同一品种在不同生产条件下生产的种子对高温的敏感性有差别，不合适的温度会影响种子的质量。

开展干热处理的工作前，需要不断收集这方面的资料，或先进行试验研究，并总结分析结果，采取适当的处理温度和处理时间参数。

3 准备工作

在开始进行干热处理种子之前，应尽可能地了解需要处理的种子含水量范围，根据种子的含水量、作物种类和品种确定干热处理的参数。

4 干热处理方法

4.1 方法

（1）一般方法：种子置于干热处理机内，按以下程序进行干热处理：低温24h，中温24h，高温72h，关闭电源，24h后取出种子，种子保存于低温库中。

（2）温度参数的确定：处理种子的最高温度因作物种类和种子来源不同而有差别，一般为70~75℃处理3~5d。种子的含水量过高时，安全有效的方法是选择阶梯式逐步提高处理温度，将处理温度从35℃逐步提高至70~75℃（最高温度），即种子先在35℃的温度下处理24h，接下来在50℃的温度下处理24h，最后在70~75℃的温度下处理72~120h。

（3）注意事项：进行高温处理前种子的含水量在4%以下；干热处理机内处于不同

部位的种子温度应均匀一致；干热处理机内应通风良好。

4.2　种子处理后的保存

（1）干热处理期间种子承受高温的压力，要求处理过的种子保存期为一年。

（2）干热处理后的葫芦科种子通常容易被一些气传腐生菌造成第二次感染，建议使用杀菌剂型的种衣剂对处理过的种子进行包衣，可有效减少二次污染对种子质量的影响。

5　处理后种子的检测

经过干热处理后的种子必须进行消毒处理效果的评价和种子质量的检测。

5.1　CGMMV 的检测

（1）CGMMV 的检测鉴定主要采用生物学、血清学和分子生物学方法进行检测鉴定，以及电子显微镜的形态特征检测等。为了确定 CGMMV 的活性，处理后的种子需要选择生物学方法和种子汁液摩擦接种方法进行检测，评价病毒钝化处理的效果。

（2）由于病毒在种子上的分布情况与种植后实生苗发病情况具有较大的差异，特别严重的是 CGMMV 在实生苗上有隐症带毒的现象，即实生苗带毒但不表现症状，其他的病毒也可以在实生苗上产生相同的症状，或其他原因也可以产生类似 CGMMV 的症状。因此，还得配合血清学和分子生物学方法进行检测以提高检测的准确性。

（3）生物学和摩擦接种方法必须在具有隔离防护设施的防虫温室进行。

（4）血清学和分子生物学方法按 SN/T 2344—2009 检疫行业标准的方法进行。

5.2　种子质量的检测

处理后的种子还要进行种子发芽率的检测，使种子符合安全、高质量的要求。检测方法按照农作物种子检验规程 GB/T 3543.4—1995 进行，以未处理的种子作为对照。

7 西甜瓜南瓜砧木断根嫁接育苗技术规程

1 范围

本标准规定了西甜瓜南瓜砧木断根嫁接育苗的产地环境、育苗准备、种子处理、播种、嫁接前管理、嫁接、嫁接后管理、成品苗标准和病虫害防治。

本标准适用于瓜菜的南瓜砧木断根嫁接育苗。

2 规范性引用文件

下列文件对于本文件的应用是必不可少的。凡是注日期的引用文件，仅所注日期的版本适用于本文件。凡是不注日期的引用文件，其最新版本（包括所有的修改单）适用于本文件。

GB 16715.1 瓜菜作物种子 第1部分：瓜类

GB/T 23416.3 蔬菜病虫害安全防治技术规范 第3部分：瓜类

NY/T 496 肥料合理使用准则 通则

NY/T 2118 蔬菜育苗基质

3 产地环境

应符合 NY/T 5010 的规定，选择地势高燥、排灌方便的地块。

4 育苗准备

4.1 育苗设施设备

准备温室或大棚、催芽箱、苗床、育苗盘、防虫网、操作台等，配套加温、补光、通风、灌溉等系统。

4.2 基质穴盘

选择西甜瓜育苗专用基质，应符合 NY/T 2118 的规定。嫁接苗选择50孔或72孔穴盘，接穗育苗选择平盘。

4.3 品种选择

4.3.1 砧木

选用嫁接亲和力强、抗逆性强、对接穗果实品质无不良影响的南瓜品种。

4.3.2 接穗

选择优质、高产、符合市场需求的品种。早春保护地栽培要求耐低温弱光、易坐果，低温膨果快，抗病；露地栽培要求抗高温、抗病毒、易坐果。

4.3.3 种子质量

应符合 GB 16715.1 中大田用种以上的规定。

5 种子处理

阳光下晒种6~8h；用3倍于种子体积的55℃左右热水烫种15~20min。

种子用25~30℃清水浸种4~5h，洗净种壳表面黏液，沥干表面水分，用干净的湿纱布等包裹在25~28℃下催芽，60%的种子露白即可播种。

6　播种

6.1　播期

根据栽培季节，冬春季栽培提前 35~40d、夏秋季栽培提前 25~30d 育苗；粒型较小的接穗种子较砧木提前播种 5~7d，粒型较大的接穗种子与砧木同期播种，无籽西瓜种子较砧木提前播种 7~10d。

6.2　方法

接穗采用育苗平盘、砧木采用育苗床播种育苗。育苗平盘或育苗床铺育苗基质厚 2~3cm，表面刮平后用水淋透基质，按接穗种子 1 500~2 000 粒/m^2、砧木种子 1 000~1 200 粒/m^2均匀撒播，然后均匀覆盖基质厚 0.5~1.0cm。播种后的育苗盘放入催芽室或置于育苗床上，育苗床覆盖农用地膜。

7　嫁接前管理

7.1　温度

出苗前，接穗白天温度 30~35℃，夜间 18~20℃；砧木白天温度 28~30℃，夜间 15~18℃。

出苗后，接穗白天温度 25~28℃，夜间 15~18℃；砧木白天温度 20~25℃，夜间 13~18℃。

7.2　湿度

出苗前催芽室内湿度 80%~90%。出苗后，湿度保持在 50%~70%，基质表面发白时补充水分，每次均匀浇透。冬春季宜在中午浇水；阴雨天、弱光、湿度大时不宜浇水。

7.3　光照

种子 50%出苗后及时揭除农用地膜。晴天早掀晚盖覆盖物，阴雨天采取补光措施。

8　嫁接

8.1　嫁接适期

接穗 2 片子叶展平至第 1 片真叶展开，砧木为第 1 片真叶显露至第 2 片真叶显露。

8.2　嫁接前处理

嫁接前 2~3d，将砧木、接穗浇透水。

8.3　嫁接场地要求及器具消毒

嫁接场所适当遮光、避风，温度控制在 20~25℃；嫁接工作台、嫁接刀具及工作人员双手用 75%酒精消毒。

8.4　嫁接方法

8.4.1　削切砧木

用刀片先在砧木 2 片子叶下方 6~7cm 处切除砧木根部，然后从砧木 1 片子叶基部向另 1 片子叶基部下方斜切，切除另 1 片子叶和真叶及生长点，斜面与胚轴角度 35°~40°，斜切面长 0.4~0.5cm。

8.4.2　削接穗

将接穗从苗盘中拔出，用刀片在接穗 2 片子叶下方 0.5~1.0cm 处向下斜切、切除接穗根部，斜面与胚轴角度35°~40°，斜切面长0.4~0.5cm，斜面方向与2片子叶贴合时的平面方向一致。

8.4.3　嫁接组合

将接穗斜面与砧木斜面对齐、贴合，然后用平口、轻质、防滑嫁接夹固定，接穗子叶与砧木子叶两平面方向一致。

8.4.4　嫁接组合体扦插

扦插前0.5d，将穴盘装填基质后浇透水；嫁接后的组合体垂直扦插于穴盘基质中，砧木扦插深度为2~3cm。组合体按行扦插、两纵行组合体之间接穗或砧木子叶相对。

9　嫁接后管理

9.1　温度

嫁接后3~4d内，白天25~30℃，夜间20~25℃；第4天起，白天25~28℃，夜间18~20℃；嫁接苗成活后，白天20~25℃，夜间15~18℃。

9.2　湿度

嫁接后将穴盘摆入苗床，扣塑料小拱棚；密闭3~4d，保持90%~95%的空气湿度；3~4d起，于早晨和傍晚逐渐增加苗床通风量，嫁接苗叶片失水、叶色暗淡时及时盖上农膜。反复多次，直至嫁接苗成活。

9.3　光照

嫁接后在小拱棚上盖遮阳网，1~3d晴天全日遮光，以后逐渐增加见光时间，直至完全不遮阳。

9.4　肥水

嫁接苗成活后，视天气状况和苗情追施肥水，肥料选用磷酸二氢钾、复合肥等，浓度0.1%~0.3%，肥料使用应符合NY/T 496要求。

9.5　其他管理

嫁接苗成活后及时摘除砧木侧芽；定植前3~5d开始炼苗。

10　成品苗标准

子叶完整，茎秆粗壮，嫁接处愈合良好，具有3~4片真叶，苗高15cm左右，叶色浓绿，根系完好，无病虫害。

11　病虫害防治

按GB/T 23416.3的规定执行。重点防治猝倒病、立枯病、蚜虫、烟粉虱、斑潜蝇等。移栽前喷施1次保护性杀菌剂。

8　西瓜避雨健康栽培技术规程

1　范围

本文件规定了西瓜采用避雨健康栽培技术的产地环境条件、避雨设施、种子种苗、定植前准备、定植、大田管理、病虫害防治、采收及生产档案要求。

本文件适用于湖北省西瓜避雨健康栽培，可供长江中下游地区参考使用。

2　规范性引用文件

下列文件中的内容通过文中的规范性引用而构成本文件必不可少的条款。其中，注日期的引用文件，仅该日期对应的版本适用于本文件；不注日期的引用文件，其最新版本（包括所有的修改单）适用于本文件。

GB 5084　农田灌溉水质标准

GB 16715.1　瓜菜作物种子　第1部分：瓜类

NY/T 391　绿色食品　产地环境质量

NY/T 393　绿色食品　农药使用准则

NY/T 394　绿色食品　肥料使用准则

NY/T 427　绿色食品　西甜瓜

3　术语和定义

下列术语和定义适用于本文件。

避雨栽培 rain-shelter cultivation：利用地上设施，在作物生长时期覆盖薄膜进行避雨栽培，减少外界不良环境影响的栽培方式。

4　产地环境条件

应符合 NY/T 391 的规定。

5　避雨设施

采用避雨栽培时，宜选用跨度6~8m，顶高2.5~3.5m的热镀锌钢管或水泥骨架大棚，或跨度4~6m，顶高1.5~1.8m的竹架中棚，或跨度宽度1.8~2.0m，顶高0.5~1.0m的竹架小拱棚。根据设施种类及使用年限可选厚度为0.06~0.15mm棚膜。

6　种子种苗

6.1　品种选择

根据市场需求选择优质、多抗品种。极早熟品种应具有优质、耐寒、耐弱光、耐运输及抗病等特性；早中熟有籽西瓜品种应具有优质、高产、耐湿、耐运输及抗病等特性；中晚熟无籽西瓜品种应具有优质、高产、耐湿、耐热及抗病等特性。

6.2　种子质量

应符合 GB 16715.1 有关西瓜二级及以上杂交种的规定，种子纯度不低于95.0%、净度不低于99.0%、发芽率不低于90.0%、水分不高于8.0%。

6.3　健康种苗生产

6.3.1　播种期

大中棚栽培的播种期宜为12月下旬至2月上旬，小拱棚栽培的播种期宜为2月上中旬。

6.3.2　育苗方法

春播宜采取保护地营养钵育苗或穴盘育苗，宜选用葫芦作砧木，采用集约化生产嫁接苗。

6.3.3　营养土配制

应选用有机质丰富、结构疏松、透气性好、保水保肥能力强、无病虫、无污染物、3年内没有种过瓜类作物的土壤配制营养土，或用草炭土、珍珠岩配制育苗基质。营养土的配制比例为干细土90%、腐熟有机肥10%；育苗基质的配制比例为草炭土80%、珍珠岩20%，配制时每1m^3营养土加0.5kg含硫三元复合肥（$N-P_2O_5-K_2O$按=15：15：15的比例），并加入0.1kg 25%的多菌灵可湿性粉剂用于消毒，肥料和杀菌剂宜化水喷洒到营养土或育苗基质中并混合均匀。将营养土装入口径和高均为8cm的塑料营养钵，或将育苗基质装入50孔育苗穴盘。

6.3.4　种子处理

选择晴天晒种1~2d，有籽西瓜种子宜用苏纳米80倍液浸种15min，洗净后用清水继续浸种3h；无籽西瓜种子宜用苏纳米200~250倍液浸种6~8h。捞起后洗净种子表面黏液，甩干表面水分后在28~30℃条件下催芽24~36h，芽长1~3mm时播种。

6.3.5　播种

播种前1d将营养钵或穴盘浇透水。播种时，营养钵每钵或穴盘每穴播1粒发芽的种子，种子要平放或芽尖向下。播后覆盖0.5~1cm厚疏松湿润的营养土或基质，然后覆盖地膜保温保湿。

6.3.6　苗床管理

出苗前温度宜为28~30℃。当40%~50%的种子出苗后及时揭去地膜。出苗后昼温宜为25℃左右，夜温宜为20℃左右。在定植前7~10d进行炼苗，夜温降至15~18℃。苗期适当控制水分，苗床表面发白时可适量浇水，浇水宜在上午进行。

6.3.7　健康种苗标准

2叶1心至3叶1心、子叶完整、茎秆粗壮、叶色浓绿、整齐一致、根系完好、不带病虫健康标准化种苗。

7　定植前准备

7.1　选地

应选择土壤肥沃、排灌方便、通透性好的砂质土或壤土田块。前作宜为大田作物，不能与其他瓜类蔬菜作物连作，轮作年限不少于3年。

7.2　闷棚

上茬作物收获结束后，清洁大棚，全棚浇水使土壤含水量达到田间持水量的70%为宜，浇水后封棚，保持棚室封闭持续15~30d。

7.3　施肥

7.3.1　有机肥代替部分化肥

定植前 10d 施入基肥，每亩均匀撒施商品有机肥（$N+P_2O_5+K_2O \geq 5\%$，有机质≥45%）480~520kg，生物菌肥 100~150kg。肥料的使用应符合 NY/T394 的要求。

7.3.2　化肥机械深施

用机械开深度约为 20cm 的施肥沟，单行栽培的施肥沟离栽培行 20cm，双行栽培的施肥沟在两条栽培行中间，每亩沟施含硫三元复合肥（$N-P_2O_5-K_2O$ 按＝14：8：24 的比例，下同）35kg，配施适量硼、锌、钙、镁等中微量肥料，结合耕整混入土壤。

7.4　整地开厢

爬地栽培整成厢面宽 2.2m 左右，沟宽深 0.3m×0.2m 左右的厢；立架栽培整成厢面宽 1.2m 左右，沟宽深 0.3m×0.2m 左右的厢。

7.5　水肥一体化设备安装

水肥一体化灌溉系统包括水泵、阀门、过滤器、棚室内主管及支管等。每厢铺 1~2 根滴灌管或 1 根微喷灌带。灌溉地表水或地下水，水质应符合 GB 5084 的要求。

7.6　全地覆盖

大棚畦面全地膜覆盖，地膜厚度宜 0.01~0.015mm，早春宜选用无色透明地膜，夏秋宜选用黑色或银灰双面地膜。

8　定植

8.1　时期

宜当地表下 10cm 内土温稳定在 15℃以上，平均气温稳定在 18℃以上，最低温度不低于 12℃时开始定植。选晴好天气定植，早春宜上午定植，夏秋宜下午定植。

8.2　方法

爬地栽培的在厢面中间定植 1 行，株距宜为 40~45cm，亩栽 550~650 株；立架栽培的每厢栽 2 行，株距 45~50cm，亩栽 1 700~1 900 株。浇足定根水，封好定植孔，覆盖棚膜。

9　大田管理

9.1　温度管理

缓苗期昼温宜为 28~30℃，夜温宜为 18~25℃；团棵期至伸蔓期昼温宜为 25~30℃，超过 35℃时应适当通风降温，夜温宜为 15~20℃；开花结果期昼温宜为 30~32℃，夜温 15~20℃。

9.2　避雨管理

在避雨栽培过程中，当日平均温度稳定达到 22℃时，钢管或水泥骨架大棚拆除边膜，保留顶部薄膜遮雨；竹架中棚将两侧的边膜揭起，固定在棚架上，顶部覆盖进行遮雨；小拱棚则在晴天将两侧的棚膜向上收拢成一条，依靠压膜线固定在竹片上面，下雨时将膜放下进行遮雨。

9.3　水分管理

生长前期一般不需浇水，伸蔓期后根据土壤墒情灌溉。采用滴灌，可结合追肥进行，采收前5d应停止浇水。

9.4　肥料管理

伸蔓肥根据瓜苗长势，每亩可追施含腐质酸或氨基酸冲施肥10~15kg；膨瓜肥在第一批瓜长到鸡蛋大小时，每亩施含腐质酸或氨基酸冲施肥15~20kg；大中棚栽培的可采收2~3批瓜，在第一批瓜收获后应再追肥一次，以后每收获一批追肥一次，用量看苗情长势而定。追肥采取滴灌方式为宜。

9.5　整枝理蔓

瓜蔓长50cm时开始整枝。爬地栽培留1条主蔓和1~2条健壮侧蔓，立架栽培的留1条主蔓和1条健壮侧蔓，其余分枝全部抹除。整枝以后经常理蔓，爬地栽培的将瓜蔓均匀地摆放在畦面两侧，立架栽培的及时引蔓上架或吊蔓。在第一批瓜采收后可不再整枝，放任生长。

9.6　人工授粉

第1雌花摘除，对第2或第3雌花进行人工辅助授粉，宜在开花期每天6：00—10：00进行，将当天开放的雄花花瓣反转，在雌花柱头上均匀涂抹花粉。标记坐果日期时，爬地栽培可采用在瓜旁插上涂有不同颜色油漆的竹签或放纸牌等方法，立架栽培可采用系吊牌或纸片等方法。

9.7　选瓜留瓜

宜于果实直径4~5cm时，选留瓜形周正且无外伤的瓜作商品瓜。小果型品种每株留2~3个瓜，中果型品种每株留1个瓜。立架栽培的，宜于瓜重200~250g时，用塑料绳绑缚果梗或用网兜进行吊瓜。

9.8　采收期管理

大中棚栽培的，如果采收二茬瓜，采收时注意不要损伤瓜蔓，减少病虫危害。

10　病虫害防治

10.1　主要病虫害

主要病害有炭疽病、枯萎病、蔓枯病、疫病、病毒病、白粉病、细菌性角斑病、根结线虫病等。主要虫害有蚜虫、烟粉虱、蓟马、瓜绢螟、黄守瓜、斑潜蝇、红蜘蛛等。

10.2　防治原则

按照“预防为主，综合防治”的原则，坚持“农业防治、物理防治、生物防治、化学防治相结合”的防治方法。

10.3　防治方法

10.3.1　农业防治

针对当地主要病害，选用多抗品种，宜培育健康嫁接苗，做好田园清洁和全地覆盖地膜，合理放风，宜选晴天及时整枝理蔓，清除并集中处理病株和杂草。

10.3.2　物理防治

大棚采用防虫网进行隔离。棚内可用添加有信息素的黄板、蓝板诱杀蚜虫、烟粉虱、斑潜蝇、蓟马等，可用性诱捕器，诱杀小菜蛾、斜纹夜蛾等。棚外可设置杀虫灯诱杀害虫。

10.3.3　生物防治

利用瓢虫、草蛉、捕食螨等自然天敌防害虫，提倡使用苏云金杆菌（Bt）制剂等微生物农药，和鱼藤酮、苦参碱等植物源农药防治虫害。

10.3.4　化学防治

严禁使用剧毒、高毒、高残留农药。不同农药应交替使用，每种农药使用1~2次，可选用电动风送弥雾机、水雾烟雾两用机、推车式电动高压打药机等喷施；宜多熏棚少喷雾，降低棚内湿度，减少病害发生。可用锯末拌杀虫剂撒施于叶片和地面，延长防治时效，减少施药次数，降低农药残留。所施化学药剂应符合NY/T 393要求。主要病虫害防治药剂及使用方法见附录A（略）。

11　采收

11.1　采收标准

在当地上市销售的瓜宜九成熟采收，外运销售的瓜宜八至九成熟采收。产品质量应符合NY/T 427的要求。

11.2　成熟度判断

标记日期后时间达到该品种果实发育天数，或果实表面茸毛消失，外观呈现该品种成熟时固有特征即为成熟。

11.3　采收方法

宜在上午进行。采收时留长3~5cm的果柄。

12　生产档案

生产者应建立生产档案记录，记录包括品种、施肥、病虫草害防治、采收以及田间操作管理措施等内容；所有记录应真实、准确、规范，并具有可追溯性；生产档案应有专人专柜保管，保存不少于2年。

（湖北省地方标准DB42/T 669—2020）

9 老龙河嫁接西瓜绿色高效栽培技术规程

1 范围

本文件规定了老龙河嫁接西瓜绿色高效栽培的术语和定义、产地环境、栽培技术、水肥管理、病虫害防治和采收等。

本文件适用于新疆维吾尔自治区昌吉回族自治州（简称昌吉州）老龙河地区气候特点以及相似砂质土壤、温差、积温、气候环境等的嫁接西瓜栽培。

2 规范性引用文件

下列文件对于本文件的应用是必不可少的。凡是注日期的引用文件，仅所注日期的版本适用于本文件。凡是不注日期的引用文件，其最新版本（包括所有的修改单）适用于本文件。

GB 16715.1 瓜类作物种子 第1部分：瓜类

GB/T 23416.3 蔬菜病虫害安全防治技术规范 第3部分：瓜类

NY/T 391 绿色食品 产地环境质量

DB46/T 165 西瓜嫁接育苗技术规程

NY/T 393 绿色食品 农药使用准则

NY/T 394 绿色食品 肥料使用准则

NY/T 427 绿色食品 西甜瓜

3 术语和定义

下列术语和定义适用于本文件。

3.1 砧木

植物嫁接繁殖时，承受接穗的实生苗。

3.2 接穗

被接上的芽或者植株组织，用于生长结实。

3.3 嫁接技术

嫁接就是把一个植物体的组织，接在另一株植物体的茎上，使接在一起的两个部分长成一株完整植株的技术。

3.4 嫁接西瓜苗

利用砧木和接穗通过嫁接技术培育而成的西瓜幼苗。

3.5 缓苗期

从嫁接苗移栽到长出新叶的一段时期。

3.6 伸蔓期

从缓苗期至坐果节位雌花开放的一段时期。

3.7 坐果期

从坐果节位雌花开放到幼果褪毛（约鸡蛋大小）的一段时期。

3.8 结果期

从幼果褪毛至果实成熟的一段时期。

4　产地环境

4.1　选地

选择地势开阔平坦、土层深厚、中等肥力以上和富含有机质的壤土或砂壤土种植。土壤条件应符合 NY/T 391 中 6.1 要求。

4.2　水源及水质

应采用清洁、无污染的水源。灌溉水质应符合 NY/T 391 中 7.1 要求。

5　品种

5.1　砧木品种选择

应符合嫁接亲合性好，根系发达，吸收水肥能力强，抗逆性强，不影响接穗品质，尤其是抗根际病害，生长势强，便于嫁接操作等。

5.2　西瓜品种选择

选择适合昌吉州老龙河地区栽培的西瓜登记品种，种子应符合 GB 16715.1 要求。西瓜品种要和砧木亲和力好、品质优、分枝力中等、易坐果、商品性好、适合市场需要。

6　嫁接苗

6.1　西瓜嫁接苗要求

苗龄 25~30d，苗高 6~13cm，真叶 3~4 片，叶色浓绿，接穗子叶完整，茎粗 0.3~0.4cm，根系白色且抱紧营养块。

6.2　嫁接苗生产

按照 DB46/T 165 标准执行。

7　栽培技术

7.1　定植前准备

7.1.1　整地

前一年进行秋翻，翻耕深度 35cm 以上。春季待墒情适合时旋耕。

7.1.2　开施肥沟、施基肥

按照种植行使用开沟机开沟，沟心距 1.8m，施肥沟宽 30~40cm，深 20~30cm。沟内施入有机肥。每亩（667m^2）施优质腐熟有机肥 2 000kg 或生物有机肥 100kg，将肥料均匀施入施肥沟内混匀后机械回填施肥沟。

7.1.3　施肥、铺滴灌带、覆膜

采用施肥覆膜铺滴灌带一体机，在种植行上同时完成施肥、铺设滴灌毛管和覆盖地膜作业。每亩施 30kg 磷酸二铵，每膜铺设 1 条滴灌带，采用 1.25m 宽地膜。地膜覆盖后铺设地面支管并连通毛管，保证滴灌系统正常。

7.2　移栽

7.2.1　移栽时间

老龙河地区嫁接西瓜定植是地温稳定在 10℃以上，气温稳定在 12℃以上。

7.2.2　移栽密度

行距 180cm，株距 65cm 左右，每亩保苗 600 株左右。

7.2.3　移栽方法

用人工或者机械移栽，按照要求的株距，在定植畦的正中间开定植穴，再放入西瓜苗，定植时应保证幼苗茎叶与苗坨的完整，定植深度以苗坨上表面与畦面齐平或稍低（不超过 2cm）为宜，培土至茎基部，并封住定植穴，浇足定植水。

7.3　植株管理

7.3.1　缓苗期

定植后立即扣好小拱棚膜，温度不超过 35℃。在湿度管理上，一般底墒充足，移栽水足量时，在缓苗期间不需要浇水。

7.3.2　伸蔓期

小拱棚栽培白天棚内温度不超过 35℃。

7.3.3　坐果期

主蔓 50cm 左右时，主蔓摘心，留侧蔓多条，顺蔓使其朝同一方向生长。整个生长期间不打杈。

幼果生长至鸡蛋大小时，及时剔除畸形瓜，选健壮果实留果第 15~16 节位，一般每株只留 1 个果。一般进行 2~3 次选果，以保证每株选留坐果节位整齐且健壮。

7.3.4　结果期

进行翻瓜、盖瓜。

8　水肥管理

8.1　定植前

移栽水应滴足、滴透，膜下土壤全部湿透且浸润至膜外部边沿土壤。

8.2　缓苗期

一般底墒充足，移栽水足量时，在缓苗期间不需要浇水。

8.3　伸蔓期

伸蔓期浇一次伸蔓水，如土壤墒情良好，开花坐果前不再浇水。如土壤含水量低于 60%时，可在瓜蔓长 30~40cm 时再浇一次小水。伸蔓初期结合浇缓苗水每亩追施高氮、高磷肥 10kg 左右。

8.4　坐果期

不浇水，不施肥。

8.5　结果期

浇 2 次水，随水施 1 次肥，一般浇水 6~8 次。施肥 3~4 次，以高氮、高钾肥为主，可追施少量钙肥。随水滴施。

8.6　施肥原则

肥料种类按照 NY/T 394 执行，采用水肥一体化技术，生长前期以有机肥及生物菌肥为主，后期追施氮肥、微肥、腐植酸钾等，以钾肥为主。

9　病虫害防治

9.1　防治原则

以预防为主、综合防治。优先采用农业防治和物理防治，科学使用化学防治。按 GB/T 23416.3 、GB/T 393 和 NY/T 427 的规定执行。

化学农药的使用应按 NY/T 393 的规定执行。

合理混用、轮换交替使用不同作用机制或具有负交互抗性的药剂，减缓病虫产生的抗药性。在采收前 30d 禁止施用任何农药。

9.2　主要病害防治方法

主要病害及防治方法见表 1。

表 1　主要病害及防治方法

病害名称	防治方法		
	农业防治	物理生物防治	化学防治
炭疽病	注意排水，降低温度，覆盖地膜，减少雨水冲溅传播病害；发病时及时摘除病叶或病株烧毁		使用 22.5%啶氧菌酯悬浮剂 40~45mL/亩，或 50%吡唑醚菌酯水分散粒剂 11~15g/亩
白粉病	采用测土配方施肥，起垄覆膜，全地面覆盖地膜，适时摘除病重叶和部分老叶		使用 40%苯甲・嘧菌酯悬浮剂 30~40mL/亩
细菌性果斑病	采用温室或火炕无病土育苗，幼果期适当多浇水，膨大期及成瓜后宜少浇或不浇，及时采收		使用 30%噻森铜悬浮剂 67~107mL/亩或 45%春雷・喹啉铜悬浮剂 30~50mL/亩
疫病	生育期内保障钾肥供应充足，应用膜下滴灌技术，冬季升高低温，及时整枝打杈，摘除病叶		使用 28%精甲霜灵・氰霜唑悬浮剂 15~19mL/亩
病毒病	选用抗病毒病品种	在田间发现重病株及时拔除销毁，防止蚜虫和农事操作传毒；选用银灰色地膜覆盖壁蚜预防病毒病的发生	1%的香菇多糖水剂 200~400 倍液，或 24% 的混脂・硫酸铜水乳剂 78~117mL/亩

9.3　主要虫害防治方法

主要虫害及防治方法见表 2。

表 2　主要虫害及防治方法

虫害名称	防治方法		
	农业防治	物理生物防治	化学防治
瓜蚜		用黄板、蓝板放在瓜地附近诱杀蚜虫；选用银灰色地膜覆盖避蚜	使用70%啶虫脒水分散粒剂2~4g/亩，或35%呋虫胺可溶液剂5~7mL/亩，交替使用
种蝇	种植前清洁田园，深翻冻垡，减少越冬病菌虫卵	按糖、醋、酒、水和90%敌百虫晶体3：3：1：10：0.6比例配成诱杀药液，放置在苗床附近可诱杀种蝇成虫	
菜青虫		利用食蚜瓢虫、草蛉等有益生物防治	
红蜘蛛		苏云金杆菌类生物农药防治	四螨嗪、螺螨酯等

10　采收

10.1　采收成熟度

西瓜成熟度的判定指标参考表 3 规定。

表 3　西瓜成熟度判定指标

项　目		指　标
果实发育天数		大果型中晚熟品种从定果35d左右
植株变化	卷须变化	留瓜节位以及前后1~2节上的卷须由绿变黄或已经枯萎，表明该节的瓜已成熟
	果实变化	瓜皮变亮、变硬，底色和花纹对比明显，花纹清晰，边缘明显，呈现出老化状。有条棱的瓜，条棱凹凸明显。瓜的花痕处和蒂部向内凹陷明显。瓜梗扭曲老化，基部茸毛脱净。西瓜贴地部分皮色呈橘黄色

10.2　采收质量

采收前3~5d停止浇水，中心可溶性固形物含量达到11%以上。

10.3　采收时间

九成熟采收。

10.4　采收方法

（1）采收时保留瓜柄，用于贮藏的西瓜在瓜柄上端留5cm以上枝蔓。

（2）采收后防止日晒、雨淋，及时运送出售，暂时不能装运的，应放在阴凉处，并轻拿轻放。

11　商品瓜标准

果形周正，单瓜重 7kg 以上。

12　生产档案

建立老龙河嫁接西瓜生产档案并保存一年。应详细记录产地环境条件、生产技术、病虫害防治和采收等各环节所采取的具体措施。

10 老龙河西瓜露地轻简化栽培技术规程

1 范围

本标准规定了绿色食品老龙河西瓜露地轻简化的术语和定义、产地环境、栽培技术、水肥管理、病虫害防治和采收等。

本标准适用于新疆维吾尔自治区昌吉回族自治州（简称昌吉州）老龙河地区气候特点以及相似砂质土壤、温差积温气候环境中的西瓜露地轻简化栽培。

2 规范性引用文件

下列文件对于本文件的应用是必不可少的。凡是注日期的引用文件，仅所注日期的版本适用于本文件。凡是不注日期的引用文件，其最新版本（包括所有的修改单）适用于本文件。

GB 16715.1 瓜类作物种子 第1部分：瓜类

GB/T 23416.3 蔬菜病虫害安全防治技术规范 第3部分：瓜类

NY/T 391 绿色食品 产地环境质量

NY/T 393 绿色食品 农药使用准则

NY/T 394 绿色食品 肥料使用准则

NY/T 427 绿色食品 西甜瓜

3 术语和定义

下列术语和定义适用于本标准。

3.1 露地西瓜栽培

采用地膜覆盖或无覆盖的西瓜栽培方法。

3.2 轻简化栽培

采用机械化实施耕作、覆膜、施肥等田间管理，同时集成应用水肥一体化、少整枝打杈等栽培模式，达到在露地西瓜生产过程中简化农艺活动过程和降低生产成本的栽培方法。

4 产地环境

4.1 选地

选择地势开阔平坦、土层深厚、中等肥力以上和富含有机质的壤土或砂壤土种植，前5年不可与其他葫芦科作物及茄科作物连作，前茬以豆类或粮食作物为宜且轮作间隔时间不少于3年。土壤条件应符合NY/T 391要求。

4.2 水源及水质

应采用清洁、无污染的水源。灌溉水质应符合NY/T 391要求。

5 品种和种子

5.1 品种选择

选择适合昌吉州老龙河地区露地轻简化栽培的西瓜登记品种，西瓜品种要耐重茬、耐盐碱、抗病抗逆性强、果型大、品质优、分枝力中等、易坐果、商品性好、适合市场需要。

5.2　种子质量

应符合 GB 16715.1 要求。

6　栽培技术

6.1　播种前准备

6.1.1　整地

播种前进行秋耕、冬灌、压碱，翻耕深度 25cm 以上。春季待墒情适合时用大型旋耕机深翻旋耕。

6.1.2　开施肥沟、施基肥

按照种植行使用开沟机开沟，沟心距 1.8m，开一条宽 30~40cm 的施肥沟，施肥沟深 20~30cm。沟内施入有机肥和磷酸二铵。每亩（$667m^2$）施优质腐熟有机肥 2 000kg 或生物有机肥 100kg，将肥料均匀施入施肥沟内混匀后机械回填施肥沟。

6.1.3　施肥、铺滴灌带、覆膜

采用施肥覆膜铺滴灌带一体机在种植行上同时完成施肥、铺设滴灌毛管和覆盖地膜作业。每亩施 30kg 磷酸二铵，铺设 1 条滴灌带，采用 1.25m 宽地膜。地膜覆盖后铺设地面支管并连通毛管，保证滴灌系统正常。

6.2　播种

6.2.1　播种时间

老龙河地区露地西瓜播种时间一般为 5 月上旬。

6.2.2　播种密度

行距 140cm，株距 70~75cm，每亩保苗 600~700 株。

6.2.3　播种方法

采用干籽直接播种方法。播种前浇足底水，立即人工播种，在种植行中间按照株距开穴，每穴播种 1~2 粒种子，用干土覆盖，干土厚度以 2~3cm 为宜。

6.3　植株管理

主蔓 50cm 左右时，摘除主蔓，留侧蔓多条，顺蔓使其朝同一方向生长。整个生长期间不打杈。

6.4　选果留果

幼果生长至鸡蛋大小时，及时剔除畸形瓜，选健壮果实留果第 15~16 节位，一般每株只留 1 个果，留第 3~4 个瓜。轻简化栽培一般进行 2~3 次选果，以保证每株选留坐果节位整齐且健壮。

7　水肥管理

7.1　播种前

播种水应滴足、滴透，膜下土壤全部湿透且浸润至膜外部边沿土壤。

7.2　团棵期

团棵期，浇水 1 次，随水施水溶性氮肥 5kg/亩。

7.3　伸蔓期

伸蔓初期滴灌浇水 1 次，隔 8~11d 浇水 1 次。

7.4　坐瓜期

浇水1次。

7.5　膨果期

坐果后每亩追施水溶性氮肥12kg和钾肥10kg，方法是随水滴施。每隔3~5d浇水1次，连续6~8次。

7.6　施肥原则

肥料种类按照NY/T 394执行，采用水肥一体化技术，生长前期以有机肥及生物菌肥为主配施氮、磷、钾复合肥，后期追施微肥、黄腐酸钾等。

8　病虫害防治

8.1　防治原则

以预防为主、综合防治。优先采用农业防治和物理防治，科学使用化学防治。按GB/T 23416.3 、GB/T 393和NY/T 427的规定执行。

化学农药的使用应按NY/T 393的规定执行。

合理混用、轮换交替使用不同作用机制或具有负交互抗性的药剂，减缓病虫产生的抗药性。在采收前30d禁止施用任何农药。

8.2　主要病害防治方法

主要病害及防治方法见表1。

表1　主要病害及防治方法

病害名称	防治方法		
	农业防治	物理防治	化学防治
猝倒病	苗期尽量少浇水，保持苗床内较低的湿度和适合的温度		使用50%多菌灵可湿性粉剂1kg加土200kg与苗床营养土拌匀后撒入苗床或定植穴中
炭疽病	注意排水，降低湿度，覆盖地膜，减少雨水冲溅传播病害；发病时及时摘除病叶或病株烧毁		使用50%多菌灵可湿性粉剂800倍液加75%百菌清可湿性粉剂800倍液混合喷洒，或2%抗菌霉素水剂200倍液，或80%代森锌可湿性粉剂700~800倍液喷雾，每隔7d 1次，连续喷3~4次
枯萎病	实行长期轮作，一般5~6年最好；重茬种植时采用嫁接栽培或选用抗枯萎病品种。		发病初期用98%噁霉灵可湿性粉剂2 000倍液，或10%双效灵水剂1 500倍液，或50%多菌灵可湿性粉剂500倍液浇根，每株浇药液0.25~0.5kg，根据病情防治1~3次
病毒病	选用抗病毒病品种	在田间发现重病株及时拔除销毁，防止蚜虫和农事操作传毒；选用银灰色地膜覆盖避蚜，预防病毒病的发生	发病初期，喷洒20%病毒A可湿性粉剂500倍液，或1.5%植病灵乳剂1 000倍液，4~5d喷1次，连续喷2~3次

8.3　主要虫害防治方法

主要虫害及防治方法见表2。

表2　主要虫害及防治方法

虫害名称	防治方法		
	农业防治	物理生物防治	化学防治
瓜蚜		用黄板、蓝板放在瓜地附近诱杀蚜虫；选用银灰色地膜覆盖避蚜	50%敌百虫1 000倍液，2.5%溴氰菊酯1 500倍液，交替喷洒
种蝇	种植前清洁田园，深翻冻垡，减少越冬病菌虫卵	按糖、醋、酒、水和90%敌百虫晶体3∶3∶1∶10∶0.6比例配成糖酒诱杀药液，放置在苗床附近可诱杀种蝇成虫	发现幼苗被瓜蛆（种蝇幼虫）咬伤时立即用2 000倍液敌百虫灌根
菜青虫		利用食蚜瓢虫、草蛉等有益生物防治	20%双甲脒乳油1 000~1 500倍液喷雾
红蜘蛛		苏云金杆菌类生物农药防治	阿维菌素喷施

9　采收

9.1　采收成熟度

西瓜成熟度的判定指标参考表3规定。

表3　西瓜成熟度判定指标

项　目		指　标
果实发育天数		大果型中晚熟品种32d左右
植株变化	卷须变化	留瓜节位以及前后1~2节上的卷须由绿变黄或已经枯萎，表明该节的瓜已成熟
	果实变化	瓜皮变亮、变硬，底色和花纹对比明显，花纹清晰，边缘明显，呈现出老化状。有条棱的瓜，条棱凹凸明显。瓜的花痕处和蒂部向内凹陷明显。瓜梗扭曲老化，基部茸毛脱净。西瓜贴地部分皮色呈橘黄色

9.2　采收质量

采收前3~5d停止浇水，中心可溶性固形物含量达到12%以上。

9.3　采收时间

长途运输时提前3~4d采收。雨后、中午烈日时不应采收。

9.4　采收方法

（1）采收时保留瓜柄，用于贮藏的西瓜在瓜柄上端留5cm以上枝蔓。

（2）采收后防止日晒、雨淋，及时运送出售，暂时不能装运的，应放在阴凉处，并轻拿轻放。

10　生产档案

建立绿色食品老龙河露地轻简化西瓜生产档案并保存一年。应详细记录产地环境条件、生产技术、病虫害防治和采收等各环节所采取的具体措施。

11 老龙河西瓜早春双膜栽培技术规程

1 范围

本标准规定了绿色食品老龙河西瓜早春双膜栽培的术语和定义、产地环境、栽培技术、水肥管理、病虫害防治和采收等。

本标准适用于新疆维吾尔自治区昌吉回族自治州（简称昌吉州）老龙河地区气候特点以及相似砂质土壤、温差积温气候环境中的西瓜栽培。

2 规范性引用文件

下列文件对于本文件的应用是必不可少的。凡是注日期的引用文件，仅注日期的版本适用于本文件。凡是不注日期的引用文件，其最新版本（包括所有的修改单）适用于本文件。

NY/T 393—2013 绿色食品 农药使用准则

GB 16715.1—2010 瓜类作物种子 第1部分：瓜类

GB/T 23416.3—2009 蔬菜病虫害安全防治技术规范 第3部分：瓜类

NY/T 394—2013 绿色食品 肥料使用准则

NY/T 391—2013 绿色食品 产地环境质量

NY/T 427—2016 绿色食品 西甜瓜

3 术语和定义

下列术语和定义适用于本标准。

3.1 早春栽培

本标准指老龙河地区5月1日之前的栽培技术。

3.2 西瓜双膜栽培

采用地膜覆盖和小拱棚覆盖的西瓜栽培方法。

4 产地环境

4.1 选地

选择地势开阔平坦、土层深厚、中等肥力以上和富含有机质的壤土或砂壤土种植，不可与其他葫芦科作物及茄科作物连作，前茬以豆类或粮食作物为宜，且轮作间隔时间不少于3年。土壤条件应符合NY/T 391要求。

4.2 水源及水质

应采用清洁、无污染的水源，灌溉水质应符合NY/T 391要求。

5 品种和种子

5.1 品种选择

选择适合昌吉州老龙河地区早春双膜覆盖栽培的西瓜登记品种，西瓜品种要耐重茬、耐盐碱、抗病抗逆性强、果型大、品质优、分枝力中等、易坐果、商品性好、适合市场需要。

5.2　种子质量

应符合 GB 16715.1 要求。

5.3　播种前准备

5.3.1　整地

播种前进行秋耕、冬灌、压碱，翻耕深度 25cm 以上。春季待墒情适合时深翻旋耕。

5.3.2　开施肥沟、施基肥

按照种植行使用开沟机开沟，沟心距 1.4m，开一条宽 30~40cm 的施肥沟，施肥沟深 20~30cm。沟内施入有机肥。每亩（$667m^2$）施优质腐熟有机肥 2 000 kg 或生物有机肥 100kg，将肥料均匀施入施肥沟内混匀后机械回填施肥沟。

5.3.3　施肥、铺滴灌带、覆膜

采用施肥覆膜铺滴灌带一体机在种植行上同时完成施肥、铺设滴灌毛管和覆盖地膜作业。每亩施 30kg 磷酸二铵，铺设 1 条滴灌带，采用 1.25m 宽地膜。地膜覆盖后铺设地面支管并连通毛管，保证滴灌系统正常。

5.4　播种

5.4.1　播种时间

老龙河地区早春双膜西瓜播种时间一般为 5 月 1 日之前。

5.4.2　播种密度

行距 140cm，株距 70~75cm，每亩保苗 600~700 株。

5.4.3　播种方法

采用干籽直接播种方法。播种前浇足底水，立即人工播种，在种植行中间按照株距开穴，每穴播种 1~2 粒种子，用干土覆盖，干土厚度以 2~3cm 为宜。

5.5　覆小拱棚

播种完成后，迅速覆盖小拱棚。可采用小拱棚覆膜机或者人工覆膜，小拱棚膜一般为 2m 宽。

5.6　揭膜及植株管理

主蔓 30cm 长蔓时揭掉小拱棚膜，并顺蔓（每株摘除主蔓，留侧蔓多条，顺蔓使其朝同一方向生长）整个生长期间不打杈，顺蔓 2 次。

5.7　选果留果

幼果生长至鸡蛋大小时，及时剔除畸形瓜，选健壮果实留果，每株只留 1 个果，一般在 15~16 节位。轻简化栽培一般进行 2~3 次选果，以保证每株选留坐果节位整齐且健壮。

6　水肥管理

6.1　播种前

播种水应滴足、滴透，膜下土壤全部湿透且浸润至膜外部边沿土壤。

6.2　团棵期

团棵期，浇水 1 次，随水施水溶性氮肥 5kg/亩。

6.3　伸蔓期

伸蔓期浇水1次。

6.4　坐瓜期

浇水1次。

6.5　膨果期

坐果后每亩追施水溶性氮肥12kg和钾肥10kg，方法是随水滴施。每隔3~5d浇水1次，连续6~8次。

6.6　施肥原则

肥料种类按照NY/T 394执行，采用水肥一体化技术，生长前期以有机肥及生物菌肥为主配施氮、磷、钾复合肥，后期追施微肥、黄腐酸钾等。

7 病虫害防治

7.1　主要虫害

老龙河地区早春双膜西瓜主要虫害有蚜虫、红蜘蛛、菜青虫等。

7.2　主要病害

老龙河地区早春双膜西瓜主要病害有枯萎病、白粉病、猝倒病、炭疽病等。

7.3　防治原则

以预防为主、综合防治。优先采用农业防治和物理防治，科学使用化学防治。按GB/T 23416.3 、GB/T393和NY/T 427—2016的规定执行。

7.4　防治方法

7.4.1　农业防治

（1）种植前清洁田园，深翻冻垡，减少越冬病菌虫卵。

（2）防止瓜田渍水，促进植株生长健壮，增强抗病力。

（3）适当喷施叶面营养肥，增强植株的抗病性。

7.4.2　物理防治

（1）用黄板、蓝板放在瓜地附近诱杀蚜虫。

（2）用银灰色地膜覆盖，减少蚜虫、蓟马为害。

7.4.3　诱杀防治

（1）用频振式杀虫灯诱杀夜蛾科成虫。

（2）用糖、醋、酒、水、敌百虫晶体，按6：3：1：10：1比例配成药液放在苗床、瓜地附近诱杀地老虎的成虫。

（3）用加水100倍敌百虫液，浸泡青菜或嫩树叶诱杀地老虎幼虫。

7.4.4　生物防治

（1）选用苏云金杆菌类生物农药防治棉铃虫等夜蛾科害虫。

（2）利用食蚜瓢虫、草蛉等有益生物防治蚜虫、螨类。

（3）释放赤眼蜂防治夜蛾科、螟蛾科的虫卵。

7.4.5　化学防治

防治原则：化学农药的使用应按NY/T 393的规定执行。合理混用、轮换交替使用不同作用机制或具有负交互抗性的药剂，减缓病虫产生的抗药性。在采收前30d禁止施用任何农药。

7.5　主要病害防治方法

主要病害防治方法详见表1。

表1　主要病害防治方法

病害名称	农业防治	化学防治
猝倒病	苗期尽量少浇水，保持苗床内较低的湿度和适合的温度	使用50%多菌灵可湿性粉剂1kg加土200kg与苗床营养土拌匀后撒入苗床或定植穴中
炭疽病	注意排水，降低湿度，覆盖地膜，减少雨水冲溅传播病害；发病时及时摘除病叶或病株烧毁	使用50%多菌灵可湿性粉剂800倍液加75%百菌清可湿性粉剂800倍液混合喷洒，或2%抗菌霉素（农抗120）水剂200倍液，或80%代森锌可湿性粉剂700~800倍液喷雾，每隔7d 1次，连续喷3~4次
枯萎病	实行长期轮作，一般5~6年最好；重茬种植时采用嫁接栽培或选用抗枯萎病品种	发病初期用98%噁霉灵可湿性粉剂2 000倍液、或10%双效灵水剂1 500倍液，或50%多菌灵可湿性粉剂500倍液浇根，每株浇药液0.25~0.5kg，根据病情防治1~3次

7.6　主要虫害防治方法

主要虫害防治方法详见表2。

表2　主要虫害防治方法

虫害名称	农业防治	物理生物防治	化学防治
瓜蚜	种植前清洁田园，深翻冻垡，减少越冬病菌虫卵	用黄板、蓝板放在瓜地附近诱杀蚜虫；选用银灰色地膜覆盖避蚜	使用50%敌百虫1 000倍液，2.5%溴氰菊酯1 500倍液，交替喷洒
种蝇	种植前清洁田园，深翻冻垡，减少越冬病菌虫卵	按糖、醋、酒、水和90%敌百虫晶体3：3：1：10：0.6比例配成糖酒诱杀药液，放置在苗床附近可诱杀种蝇成虫	发现幼苗被瓜蛆（种蝇幼虫）咬伤时立即用2 000倍液敌百虫灌根
菜青虫	种植前清洁田园，深翻冻垡，减少越冬病菌虫卵	利用食蚜瓢虫、草蛉等有益生物防治	20%双甲脒乳油1 000~1 500倍液喷雾
红蜘蛛	种植前清洁田园，深翻冻垡，减少越冬病菌虫卵	利用苏云金杆菌类生物农药防治	阿维菌素喷施

8　采收

8.1　采收成熟度

西瓜成熟度的判定指标参考表3规定。

表3　西瓜成熟度判定指标

项目		指标
果实发育天数		大果型中晚熟品种32d左右
植株变化	卷须变化	留瓜节位以及前后1~2节上的卷须由绿变黄或已经枯萎，表明该节的瓜已成熟
	果实变化	瓜皮变亮、变硬，底色和花纹对比明显，花纹清晰，边缘明显，呈现出老化状。有条棱的瓜，条棱凹凸明显。瓜的花痕处和蒂部向内凹陷明显。瓜梗扭曲老化，基部茸毛脱净。西瓜贴地部分皮色呈橘黄色

8.2　采收质量

采收前3~5d停止浇水，中心可溶性固形物含量达到12%以上。

8.3　采收时间

长途运输时提前3~4d采收。雨后、中午烈日时不应采收。

8.4　采收方法

（1）采收时保留瓜柄，用于贮藏的西瓜在瓜柄上端留5cm以上枝蔓。

（2）采收后防止日晒、雨淋，及时运送出售，暂时不能装运的，应放在阴凉处，并轻拿轻放。

9　生产档案

建立绿色食品老龙河早春双膜西瓜生产档案并保存一年。应详细记录产地环境条件、生产技术、病虫害防治和采收等各环节所采取的具体措施。

第三篇

西甜瓜化肥农药
减施增效区域集成模式

北方地区西甜瓜化肥农药减施增效集成模式

1　辽宁塑料大棚薄皮甜瓜绿色轻简化栽培技术集成模式

【模式背景】塑料大棚薄皮甜瓜在辽宁具有很大规模，但生产中多年重茬栽培和不科学施用化学肥料，导致土壤连作障碍问题突出，病虫害日益严重，且生产各环节需要大量的人工和农资投入。本项目通过单项技术的优化，总结出一套集品种选择、共砧嫁接育苗、土壤消毒、轻简化整枝、长效专用肥和生物菌肥使用、蜜蜂授粉、病虫害综合防治、延长采收期等关键技术于一体的薄皮甜瓜绿色轻简化栽培技术模式。

该模式与传统塑料大棚栽培模式相比，节约种苗用量 70%，节约劳动力成本 30%，减少化肥 30%，减少农药 40%。延长采收期 15～20d，平均亩产量2 000～2 500kg，亩节本增效 2 000 元以上。本模式已在辽宁的抚顺、鞍山、新民等地区示范推广，取得良好的效果，对促进甜瓜产业提质增效、可持续健康发展具有重要意义。

（1）品种选择

以薄皮甜瓜品种甘露 19、青香蕉、灯笼脆等作为绿色轻简化栽培主栽品种。这些品种坐瓜能力强，果实对侧枝发生有较好抑制作用，不用频繁整枝果实也能膨大，后期免打杈。单果重 500～600g，单株产量可达 4～5kg，果实可溶性固形物含量高，抗病性好。亩定植 500～600 株，与传统塑料大棚薄皮甜瓜亩定植 2 200～2 500 株相比，大大减少种苗投入，也减少了定植、整枝、田间管理等技术环节的劳动强度。

（2）共砧嫁接育苗

选择抗枯萎病的厚皮甜瓜或野生甜瓜作为共砧砧木。共砧与薄皮甜瓜亲和能力强，并且对提升嫁接后薄皮甜瓜的品质具有良好效果。

采用贴接方式进行嫁接，砧木比接穗提前 1～2d 播种，砧木一叶一心时嫁接。嫁接后将嫁接苗移入塑料拱棚，用遮阳网的对拱棚进行遮光。前 3d 棚内空气相对湿度要达到 95%以上，苗床温度白天应控制在 25～28℃，夜间控制在 20～22℃。封闭 3d 后愈合组织生成但嫁接苗还比较弱，可在早上和傍晚除去覆盖物，使嫁接苗接受弱光和散射光，以后逐渐增加光照时间，10d 后完全撤去覆盖物。

（3）轻简化整枝

采用稀疏定植模式，株距为 100cm，行距 120cm，每亩种植 500～600 株。采用地爬栽培，主蔓 4 真叶定心，留 3 条子蔓，子蔓 3～4 节摘心，每子蔓留 3～4 条孙蔓为结瓜蔓，每个孙蔓留 1 个瓜，每株留瓜 9～12 个，整枝定型以后不必再进行打杈处理。因选用的品种后期坐瓜能力强，前期整枝坐住瓜后，后期果实和侧蔓可以自行平衡生长，不会出现徒长现象。而且中后期不断有新功叶能提供营养，植株不会出现早衰现象，果实含糖量较传统地爬整枝模式有明显提高。

(4) 蜜蜂授粉技术

在甜瓜开花前，用防虫网封住大棚入口和底裙通风口，引入蜂箱，面积不超过1 000m^2的塑料大棚一般放置1箱蜂（4~5巢框蜂，含1只蜂王）。为避免蜜蜂撞棚，蜂箱应放置在大棚中部位置，一般高于地面10cm。棚内温度过高的情况下需要遮阴，中午需要适当通风，以利于植株生长和蜜蜂活动，提高授粉效率。授粉期间不要喷洒对蜜蜂有毒害的农药。

(5) 延长采收期

在一天中，早晨和傍晚为最佳采收时间，采收时用剪刀将果柄从基部剪断，每个果保留一段果柄。综合调控环境、防治病害、顶部保留生长点延长功能叶寿命，延长采收期。从第一批瓜成熟到最后采收完毕可以持续1个月的时间，可以满足市场对甜瓜产品错期需求。

【病虫害减药防治技术】

(1) 种子消毒

为预防细菌性果斑病等细菌性病害，可应用杀菌剂1号对砧木和接穗的种子进行消毒处理。将种子处理剂稀释200倍，浸泡种子1h，然后用清水冲洗4~5次，冲洗过程中不断搅拌种子，保证种子冲洗干净。或将种子放入0.1%的高锰酸钾溶液浸种20min，或用甲醛200倍液浸种30min，之后用清水洗净种子。

(2) 土壤消毒

每年7—8月采用高温闷棚法进行土壤消毒。先将前茬作物的残留物彻底清出大棚。每亩施用未完全腐熟的农家肥1 500~2 000kg、粉碎后的玉米秸秆1 500kg，均匀撒施在大棚地面的各个区域。病害严重的地块，第一次高温闷棚每亩应配合施用石灰氮颗粒剂50kg。病害不严重的地块，可施用适量秸秆发酵剂，不使用石灰氮。用旋耕机将有机肥、秸秆均匀翻入土中，深度应25cm以上。使用旧的塑料薄膜覆盖地面，膜下饱和灌水，淹没土壤。密封整个大棚，闷棚时间应在1个月左右。闷棚结束后揭去地膜，通风3~5d。

(3) 物理防治

在大棚的大门和通风口设置60目防虫网，防止外来蚜虫、潜叶蝇、白粉虱等害虫飞入大棚；棚内每亩悬挂黄板40张和蓝板40张诱杀蚜虫、白粉虱、蓟马。综合调控大棚内的温度、光照、湿度等环境因子，避免产生病虫害高发的环境条件；同时促进植株长势健壮，提高植株的抗性，减少病害发生。

(4) 化学防治

以施用预防药剂为主。预防霜霉病每亩使用100g/L氰霜唑悬浮剂53~66mL喷雾；预防白粉病每亩用露娜森15~25mL喷雾；预防蚜虫用10%吡虫啉4 000~6 000倍液喷雾；预防红蜘蛛用20%哒螨灵可湿性粉剂1 500~2000倍液喷雾；用异丙威烟剂熏棚防治蓟马。甜瓜开花（蜜蜂授粉）以后不打农药。

【水肥管理技术】每亩基施腐熟有机肥4m^3、西甜瓜专用硫基长效肥“稳定性复合肥料”40~60kg、“菌动力”复合微生物菌肥80kg作为基肥。定植后7~10d滴一次缓苗水，缓苗后一直到开花一般不浇水；进入膨瓜期后滴1~2次小水；当瓜停止膨大时要滴一次大水；以后直到第一茬瓜成熟不再浇水，第一茬瓜采收后根据土壤含水量和天气状况酌情滴1次小水。定植后缓苗期结合灌水亩冲施优质腐植酸水溶肥10kg/亩。坐果期及果实膨大期，冲施腐植酸液肥10kg/亩。在中后期冲施2次高钾型水溶肥（10-10-30）5kg/亩加优质腐植酸液肥10kg/亩。

2 北方露地西甜瓜“种子处理+机械起垄覆膜+水肥一体化+有机无机配施+分次追肥+精准用药”化肥农药减施增效综合技术模式

【模式背景】北方露地西甜瓜的生产存在肥料施用量大，肥料利用率低、有机肥用量少、农药施用不合理等问题，通过增施有机肥和缓（控）释肥料，延长肥力持效期及提高肥料利用率，达到减肥的目的；西甜瓜细菌性果斑病、炭疽病、蔓枯病、枯萎病为西甜瓜生产中的重要病害。通过优选种子消毒技术防治西甜瓜种传病害；在全生育期监测有害生物发生情况，对症选择高效低毒低残留药剂或组合，精选施药器械，实现科学对靶施药，降低农药用量，提高有害生物防控效率。建立北方露地西甜瓜综合技术模式，可以达到农药减量施用40%以上，化学肥料减施25%以上，同时确保西甜瓜提质增效，在示范区内取得了良好的经济、社会和生态效益。3年累计推广60余万亩。

【栽培技术】4月下旬至5月上旬定植，7月下旬至8月上旬收获。7 500~10 000株/hm^2。采用起垄覆膜一体机械进行施肥、起垄、覆膜、下滴灌带。植株长至6~8叶放苗出膜；3蔓整枝；第3，第4雌花留瓜，每株留一果。

【病虫害防治】

（1）西甜瓜细菌性果斑病防控关键技术

通过杀菌1号药剂浸种，在移栽缓苗及留瓜前各预防用药1次，留瓜后7~10d再用药1~2次；药剂可选用铜制剂和抗生素，如王铜、氢氧化铜、四霉素、乙蒜素、噻霉酮、春雷喹啉铜等。

（2）真菌病害防控关键技术

针对枯萎病移栽穴施生物菌肥，增加根际有益微生物的种群和数量，控制枯萎病菌的繁殖，达到较好的防控效果；炭疽病、蔓枯病、白粉病等通过显微诊断，精准对症下药；通过施药器械优选和更换精准高效喷头，节约用药量，减药效果显著。药剂种类选择参见吉林省地方标准“西瓜”。

【肥水管理】

（1）有机无机配施

因露地西甜瓜种植面积较大，绝大多数采用上茬玉米田种植，施用生物菌肥，做到平衡施肥，改善土壤环境，促进植株健康生长。

（2）膜下软管滴灌

通过膜下软管滴灌可有效利用水资源，有效降低田间小气候湿度，减轻病害的发生，应遵循“能不浇则不浇，能少浇不多浇”的浇水原则；另外生长期追施水溶肥随滴灌进行，结合西甜瓜生长进程对肥料的需求，分次给肥，增加肥料的利用率，同时促进西甜瓜健康生长。

3　黑龙江西瓜绿色高效栽培技术集成模式

【模式背景】近年来，黑龙江省西甜瓜种植面积稳定在95万亩左右，占瓜菜总面积的1/6以上，已经成为不可替代的特色高效经济作物之一。《全国西甜瓜产业发展规划（2015—2020年）》明确黑龙江省为我国露地中晚熟西瓜和薄皮甜瓜优势产区。但是在生产中由于种植水平不同，存在盲目施肥、用药现象，导致了耕地质量下降、生产成本升高等问题。通过应用优质抗病新品种、种子处理、有机肥替代化肥、精准施药集成综合技术模式，在降低化肥农药施用的同时提高西甜瓜品质和产量，有效降低了生产成本，技术简约实用，产品绿色安全，有利提升了西甜瓜产业和核心竞争力，促进了农业生产与环境的和谐发展。2018年开始，该项模式在黑龙江省示范推广面积16.15万亩，示范区平均减施化肥31.8%、平均减施农药44.2%、增产4.4%。

【栽培技术】

（1）品种选择

选择优质抗病，并通过品种登记（注册）的西瓜品种，如抗枯萎病西瓜品种龙盛佳甜、龙盛9号、龙盛佳喜、龙盛佳惠（黑龙江省农业科学院园艺分院培育）等。

（2）选地

选择地势平坦，排水良好，土质疏松、土壤结构良好的砂壤土地块进行种植，前茬作物宜为玉米等大田作物，无除草剂残留。

（3）整地

定植前深翻土壤，垄宽70cm，种1垄空2垄，空的2垄为爬蔓区。采用主垄（定植垄）破垄夹肥技术施用基肥，并覆盖地膜，有条件地块铺设滴灌带。

（4）播种育苗

播种前进行种子消毒处理，之后用清水浸种8~12h，捞出沥干多余水分，用湿毛巾/棉布包裹，覆盖塑料薄膜保湿，置于28~30℃保温保湿条件下催芽24~36h，待60%~70%种子出芽后即可播种。育苗基质中可添加1%生物有机肥（含有益微生物）。育苗栽培4月末至5月初播种，播种后覆土1.2cm左右。苗龄20~25d，生理苗龄2叶1心，5月下旬定植。直播栽培，6月初播种。

西瓜苗期温度管理

项目	播种后（℃）	50%出苗（℃）	子叶展平后（℃）	定植前7~10d（℃）
白天温度	30~32	23~25	30~32	18~23
夜间温度	20~22	15~18	20~22	10~15

（5）定植

幼苗二叶一心时，选取长势健壮幼苗定植，定植前要浇足定植水，每个孔定植1株，株距0.50~0.65m，行距2.10m，保苗7 500~9 500株/hm^2。

（6）整枝选果

三蔓整枝方式，只留主蔓和2条子蔓；免整枝方式，主蔓伸出后留20cm去头，其他枝蔓只顺蔓使其垂直于主垄生长，不做其他整枝处理，整个生育期顺蔓 4~5 次，集中在坐果之前，从蔓伸长 1m 左右，每隔 3~5d 顺蔓 1 次。自然授粉或者在种植地块放置蜂箱，每公顷放置蜜蜂 2 箱（8 000~10 000头），有利于遇不良天气条件时提高坐果率，果实生长至鸡蛋大时，及时剔除畸形瓜，选健壮果实留果，一般每株留 1 个果，选留第 2~4 节位果实。一般进行 2~3 次选果，以保证每株选留健壮果实。同时有多个可选瓜的情况下，选留节位高的瓜。

【病虫害减药防治技术】

种子处理：种子用杀菌剂 1 号（中国农业科学院植物保护研究所研制）稀释 200 倍（现配现用），浸泡西瓜种子 1h，然后用大量清水冲洗 4~5 次，每次用水量约为药剂用量的 10 倍为好，每次清水浸泡 10min（搅拌种子），或流水冲洗 30min，冲洗过程中不断搅拌种子，或将西瓜种子用 40%甲醛稀释 200 倍，浸种 30min，中间搅拌种子 2-3 次，然后用大量清水冲洗 3~4 次，每次清水浸泡 10min，再进行催芽播种。

定植时每穴施用吡虫啉缓释药剂预防虫害。

坚持“预防为主，综合防治”的原则。严禁使用剧毒、高毒、高残留农药；不同农药应交替使用，每种农药使用一到两次，减少施药次数，降低农药残留。

【水肥管理技术】使用农业机械施用基肥，采用主垄（定植垄）破垄夹肥技术，每公顷施磷酸二铵 250~300kg、硫酸钾 150~200kg，生物有机肥 750~1 000kg。在果实膨大期，每公顷追施高钾复合肥 75~100kg。

4　宁夏压砂瓜“健康种苗+无人机喷药+绿色防控+有机替代+水肥一体化”减肥减药技术模式

【模式背景】压砂瓜是宁夏优势特色产业，目前压砂瓜种植约 90 万亩，产值约 26 亿元，是中部干旱带群众主要的收入来源。压砂瓜长期连作，化肥过量使用导致土壤中养分失衡，多年单一作物大面积集中连片种植，病原菌大量积累导致土传病害日益严重，病虫害逐年加重，导致本产区西瓜枯萎病、炭疽病、蔓枯病等病害叠加，影响产量和品质。通过国家重点研发项目的实施，集成示范推广压砂瓜减肥减药技术，从种苗源头上控制了种传病害的集中暴发，减少了土传病害的发生；结合有机替代、水肥一体化等技术的示范推广，减少了化肥农药的施用量。

在中卫市西瓜嫁接育苗企业新阳光公司、塞上江南公司、天瑞公司、普天瑞农公司示范种子干热处理、果斑病种子药剂消毒等技术，累积生产健康嫁接西瓜种苗 3 000 万株，应用 10 万亩。在沙坡头区香山镇、兴仁镇，中宁县喊叫水乡、鸣沙乡，海原县关桥乡共建立 5 个核心示范基地，每个核心示范区示范面积 200 亩左右，累计示范 10 万亩以上。通过应用有机替代和水肥一体化技术，较传统施肥化学肥料养分减量 33.2%，肥料利用率提高 14.9%；通过应用抗病嫁接砧木，无人机喷药技术，结合农药助剂、绿色防控技术，示范区内化学农药用量减少 40% 以上。综合技术应用后增产 5.93%~8.7%；每亩减少人工追肥、打药等成本 200 元以上，增产增效 410 元以上。

【栽培技术】4 月下旬至 5 月上旬定植，7 月下旬至 8 月上旬收获。密度 200~300 株/亩。定植前，每穴补水 2~3kg。采用膜下定植技术，整行定植结束后，采用条覆膜机进行整条覆膜。植株长至 6~8 叶放苗出膜；留 5 条蔓，不整枝；第 2、第 3 雌花留瓜，每株留一果。视有效降水量在伸蔓期补 1 次小水，瓜膨大期补水 1~2 次。

【病虫害防治技术】

种子处理：西瓜及砧木种子经过 70~72℃恒温干热处理 48h 左右，钝化黄瓜绿斑驳花叶病毒。果斑病用杀菌剂 1 号 200 倍液浸种 1h，紧接着用清水浸泡 5~6 次，每次 30min，再催芽播种；也可用 3%噻霉酮 800 倍液浸泡 30min，种子清洗 2~3 次，每次 10min，再浸种催芽；或用 4%噻霉酮 · 咯菌腈 200g 原药兑 3L 水，可拌 50kg 西瓜种子，然后用于直接播种。

土传病害防控：相当于每穴放基质 200g，生物有机肥 50~100g，基质与微生物有机肥混合均匀，稍加润湿到握成团，松手可散程度，放入栽培穴后，深翻与土拌匀。另一种方法是每穴施入腐熟农家肥 2~3kg，在给微生物提供养分的同时可以替代部分化肥，然后再施入 10g 左右复合木霉菌、枯草芽孢杆菌等微生物菌剂，然后每穴补水 2~3kg。待水渗入后播种种子或定植嫁接西瓜苗，播种技术后，采用条覆膜机进行整条覆膜。

病虫害无人机防控：叶部病害，利用化学杀菌剂与不同高效助剂分别混合后进行压砂瓜病害防治，化学农药选用绿妃、阿米妙收、阿米多彩、亮泰、苯醚甲环唑、吡唑醚菌酯、苯甲 · 啶氧等药剂，由传统的每次每亩 30mL 减量 35%~40%，配施激健、农飞健、U 伴等 10~15g 农药增效助剂或飞防助剂，结果表明：加入高效助剂后，在化学农药减量 35%的情况下，其防治效果与单独使用化学杀菌剂效果相当，减量并未减效果，并对西瓜蔓枯病也有一定的防效。

【水肥管理技术】

基肥由传统的亩施 20kg 二铵+20kg 三元复合肥（$N-P_2O_5-KO=17-17-17$）改为亩施 20kg 甘肃省农业科学院研制的西甜瓜稳定性复合肥（$N-P_2O_5-K_2O=21-14-16$），每亩增施农家肥 2m^3（一般为羊粪1 200kg），也可在有机肥中添加 50kg 生物菌肥，或 2~5kg 复合木霉菌剂、枯草芽孢杆菌等生物菌剂。根据当季有效降雨量适当补水，最多不超过 30m^3，在伸蔓期补水 1 次，膨瓜期补水两次，随水追施大量元素水溶肥，追肥量不超过 25kg（分别为 $N-P_2O_5-K_2O=16-16-16$ 施 5kg，$N-P_2O_5-K_2O=18-7-23$ 施 10kg，$N-P_2O-K_2O=15-9-26$ 施 10kg）。

在无法补水的压砂瓜生产区海原县，中宁县部分产区，施肥由传统的穴施底肥、穴追肥 2 次施肥，改为施用甘肃省农业科学院研制的西瓜专用稳定性复合肥（0. 1kg）和腐熟羊粪（1~2kg）一次性穴施，而不是传统的在伸蔓期穴追肥。减少追施化肥量 15~20kg，化肥减施 33. 3%以上。

5　宁夏引黄灌区“平畦栽培+基肥精准条施+水肥一体化+健康种苗+绿色防控”减肥减药技术模式

【模式背景】针对宁夏引黄灌区西瓜生产以传统的基施化肥满地撒施、垄作沟灌穴追肥为主，有机肥投入不足、化肥过量使用、肥效利用率低、土壤理化性质变差、肥力持续下降、有机质含量低等问题，我们以健康种苗为基础，通过将原有的垄作沟灌穴追肥栽培模式改为平畦栽培+基肥精准条施+水肥一体化栽培方式，实现不起垄简约化栽培；在发病前通过生物药剂预防，通过汽油喷雾机实现机械化喷药，集成示范“平畦栽培+基肥精准条施与有机替代+水肥一体化+健康种苗+机械喷药”减肥减药技术模式。

在银川市绿港缘公司示范种子药剂消毒等技术，年生产健康西瓜种苗 100 万株，在青铜峡市小坝镇、陈袁滩镇，银川市贺兰县、西夏区植物园共建立 4 个核心示范基地，每个核心示范区示范面积 100 亩左右。通过优化栽培方式，由传统的垄作沟灌改为平畦栽培，由基肥满地撒施改为种植带精准条施减量施肥；由传统沟底漫灌改为膜下水肥一体化滴灌，通过增施有机肥替代部分化肥，并且应用绿色防控技术。本技术模式集成示范 1 万亩。在核心示范区，示范区内化学农药减少 2 次，结合汽油机喷药，用量减少 35%~43%；化肥减施 25%，增产 3.8%以上；改大水漫灌为水肥一体化滴灌，每亩节约用水 30m^{3}左右。通过优化栽培方式，虽然增加了滴灌材料投入，但每亩可以节约整地、起垄、开沟、穴追肥等人工费用 700 元，实现节支增收 155 元；通过水肥一体化实现水肥高效利用，每亩增产增收 160 元，累计每亩增收 315 元。

【栽培技术】4 月中下旬定植，6 月底至 7 月上旬收获。密度 900 株/亩，株距 0.6m，行距 1.5m，一般采用育苗移栽。定植前，将地耙耱平整，条施底肥。采用条覆膜机进行整条覆膜铺滴灌带。留 2 条蔓；第 2、第 3 雌花留瓜，每株留一果。

【病虫害防治技术】选用抗病西瓜品种红花五号，育苗时种子经过干热处理，避免黄瓜绿斑驳花叶病毒；杀菌剂 1 号或噻霉酮、春雷霉素等浸种，防止果斑病的发生。坐瓜期一般不喷药，以利于蜜蜂授粉，可在植株基部到第一节雌花之间的叶片撒施硫磺，每亩 3kg 左右，预防叶面病害。生长中后期病虫害防控采用车载汽油式喷雾机或担架式喷雾机代替人工喷药：叶部病害，利用化学杀菌剂与不同高效助剂分别混合后进行病害防治，化学农药选用绿妃、阿米妙收、苯醚甲环唑、吡唑醚菌酯、苯甲・啶氧由传统的每次每亩 30mL 减量 35%~40%，配施激健、农飞健、U 伴等 10~15g 农药增效助剂，在化学农药减量 35%~40%的情况下其防治效果与单独使用化学杀菌剂效果相当。

【水肥管理技术】由传统的垄作沟灌改为不起垄平畦栽培，由基施化肥满地撒施改为种植带精准条施减量施肥；由传统沟底漫灌改为膜下滴灌水肥一体化施肥。利用当地瓜稻水旱轮作、沟渠河网密布的特点，采用柴油泵就地取水。基肥条施复合肥（15-15-15）20kg，磷酸二铵 20kg，每亩施入羊粪或牛粪等有机肥 1 500~2 000kg，与传统施肥相比可替代 25%左右化肥，分别在伸蔓期、坐果后、膨大期通过膜下滴灌追施世多乐系列大量元素水溶肥（养分比例 $N-P_2O_5-K_2O=30-10-10$，15-8-29，5-15-45）各 10kg/亩。

6 新疆老龙河产区西瓜绿色高效栽培技术集成模式

【模式背景】 昌吉"老龙河西瓜"种植历史悠久，品质优良，是国家地理标志农产品。目前年种植面积稳定在10万亩左右，产量约80万t，是带动农民就业增收的重要经济作物。但"老龙河西瓜"生产过程中存在化肥农药施用量大、用工成本高、产量品质参差不齐、品牌不突出等问题。针对"老龙河西瓜"生产存在的问题，在中国农业科学院西部农业研究中心老龙河基地开展西瓜绿色高效栽培技术研究与示范工作，从品种、绿色高效栽培技术、标准化生产、品牌塑造等方面为"老龙河西瓜"产业提供科技支撑。

【模式效果】 通过西瓜绿色高效栽培技术的实施，可节水30%~40%，节肥20%~30%，省药30%~40%，增产5%左右。农事操作简便、省工、省力，亩节本增效800元左右。是全国西瓜规模化种植、绿色优质高产高效西瓜生产和品牌兴农的典型代表。

【栽培技术】

(1) 品种选择

采用中农天冠、金城五号等西瓜品种，抗病能力强，产量高，品质优。

(2) 整地施肥

老龙河土地平整，种植模式基本是一户种植150亩左右，形成了规模化种植，因此机械化得到推广。采用联合耕整地机械及施肥铺膜一体机，作业效率高，大大节省人工投入，提高生产效益，比常规人工施肥铺膜效率提高40%左右。每亩施优质腐熟有机肥2 000kg或生物有机肥100kg。

(3) 育苗管理

播种时间及密度：老龙河地区露地西瓜播种时间一般为5月上旬。行距140cm，株距70~75cm，每亩保苗600~700株。

播种方法：采用干籽直接播种方法。播种前浇足底水，立即人工播种，在种植行中间按照株距开穴，每穴播种1~2粒种子，用干土覆盖，干土厚度以2~3cm为宜。

(4) 植株管理

采用少整枝打杈技术。待植株长到50cm左右时，摘主头顺侧蔓。整个生育期不再整枝打杈，坐瓜整齐，成熟度一致，商品性高。

(5) 选果留果

一般进行2~4次选瓜，一般留第3、第4个雌花，其余瓜均摘除。为保证商品性，一株留一个瓜。

【病虫害减药防治技术】 采用物理防治结合化学防治。对蚜虫等虫害采用黄蓝板防治，并配合监测系统，预测虫害发生，及时用药，避免盲目用药，科学指导用药时间。

主要病虫害防治方法

病虫害名称	防治方法		
	农业防治	物理生物防治	化学防治
炭疽病	注意排水，降低温度，覆盖地膜，减少雨水冲溅传播病害；发病时及时摘除病叶或病株烧毁		使用22.5%啶氧菌酯悬浮剂40~45mL/亩，或50%吡唑醚菌酯水分散粒剂11~15g/亩
白粉病	采用测土配方施肥，起垄覆膜，全地面覆盖地膜，适时摘除病重叶和部分老叶		使用40%苯甲·嘧菌酯悬浮剂30~40mL/亩
细菌性果斑病	采用温室或火炕无病土育苗，幼果期适当多浇水，膨大期及成瓜后宜少浇或不浇，及时采收		使用30%噻森铜悬浮剂67~107mL/亩，或45%春雷·喹啉铜悬浮剂30~50mL/亩
疫病	生育期内保障钾肥供应充足，应用膜下滴灌技术，冬季升高低温，及时整枝打杈，摘除病叶		使用28%精甲霜灵·氰霜唑悬浮剂15~19mL/亩
病毒病	选用抗病毒病品种	在田间发现重病株及时拔除销毁，防止蚜虫和农事操作传毒；选用银灰色地膜覆盖避蚜，预防病毒病的发生	1%香菇多糖水剂200~400倍液，或24%混脂·硫酸铜水乳剂78~117mL/亩
瓜蚜		用黄板、蓝板放在瓜地附近诱杀蚜虫；选用银灰色地膜覆盖避蚜	使用50%敌百虫1 000倍液，2.5%溴氰菊酯1 500倍液，交替喷洒
种蝇	种植前清洁田园，深翻冻垡，减少越冬病菌虫卵	按糖、醋、酒、水和90%敌百虫晶体3∶3∶1∶10∶0.6比例配成糖酒诱杀药液，放置在苗床附近可诱杀种蝇成虫	发现幼苗被瓜蛆（种蝇幼虫）咬伤时立即用2 000倍液敌百虫灌根
菜青虫		利用食蚜瓢虫、草蛉等有益生物防治	20%双甲脒乳油1 000~1 500倍液喷雾
红蜘蛛		苏云金杆菌类生物农药防治	阿维菌素喷施

【水肥管理技术】播种前水应滴足、滴透，膜下土壤全部湿透且浸润至膜外部边沿土壤；团棵期，浇水1次，随水施水溶性氮肥5kg/亩；伸蔓初期滴灌浇水1次，隔8~11d浇水1次；坐果后每亩追施水溶性氮肥12kg和钾肥10kg，方法是随水滴施。每隔3~5d浇水1次，连续6~8次。

7 河北设施西甜瓜化肥农药减施增效综合技术模式

【模式背景】针对河北省设施西甜瓜土传病害严重，盲目使用化肥，过量使用化学农药的不合理现象，通过连续多年对单项核心技术的优化配套，研发形成了以“土壤和种子消毒+嫁接育苗+蜜（熊）蜂授粉+化肥减施（替代）+病虫害综合防控”为核心的河北省设施西甜瓜化肥农药减施增效综合技术模式。

已在河北省衡水市阜城县、保定市清苑区、石家庄市新乐市、廊坊市安次区和唐山市乐亭县等5个西甜瓜优势产区应用，典型示范带动作用明显，示范面积6万余亩，辐射带动周边9万亩。与当前传统栽培模式相比，每亩节省授粉用工4~5个，亩节本260元，含糖量提高0.5~1.5个百分点；土壤杀菌防效达80%以上；化肥减施22kg以上，喷药次数减少2~6次，节水20%以上，节药37.5%~44.5%、节肥28.6%~45.7%，亩增产2.8%~3.7%，亩节本增收500元。

【栽培技术】设施早春西瓜。

（1）幼苗准备

1）育苗时间

多膜覆盖从12月中旬至1月上旬，苗龄45~55d。常规栽培（地膜和棚膜两膜）2月中下旬，苗龄35~40d。

2）幼苗要求

嫁接苗要求幼苗健壮，嫁接部位愈合良好；有2~3片健康真叶，节间短，叶色正常；根系发达、将基质或营养土紧密缠绕形成完整根坨，无病虫为害。

（2）定植前准备

冬前深翻晒垡，亩施腐熟有机肥4~6m^3，生物有机肥80~120kg，三元复合肥（N-P_2O_5-K_2O为15-15-15或17-17-17）50~60kg。

按行距开沟，沟宽60~70cm，沟深30~35cm，施肥合沟后作垄，高垄栽培，垄宽50~60cm，垄高10~15cm。后覆盖地膜，地膜宽度和行距一致。此时地膜仅覆盖垄面，多余的膜两边卷起待用。

（3）定植

1）定植时间

当棚内气温12℃，10cm地温达到10℃以上定植。三膜覆盖3月上旬、四膜覆盖2月底、五膜覆盖2月中旬定植。常规栽培3月中下旬定植。

2）定植密度

亩种植密度700~750株，行距2.6~3m，两侧对爬。株距0.5m左右。

3）定植方法

点水栽苗或用膜下滴灌浇水。

（4）定植后温湿度管理

定植后5~7d闷棚提温，促进缓苗。心叶变绿，开始生长时缓苗结束，进入正常管理，棚内气温白天保持在25~30℃，夜间保持在15~18℃，白天超过35℃放风。结瓜期棚内气温控制在35℃以下，夜间温度不低于18℃。

定植后一周内每天上午 10：00—11：00 通过放风换气降湿，棚内空气湿度以 60%~70%为宜。

(5) 植株调整

2~3 蔓整枝，两侧对爬，主蔓第 2~3 个雌花留瓜。

(6) 授粉

人工授粉一般在晴天上午 8：00—10：30，阴天 9：00—11：00 进行；亦可采用蜜蜂授粉方法。

(7) 选瓜定瓜

瓜直径 3~5cm 时，每株选留瓜胎周正、无病虫为害的瓜 1 个（小果型可留多果），其余去掉。

【设施早春厚皮甜瓜】

(1) 幼苗准备

1) 品种

可选择西州蜜 25、风味 5 号、9818、117、伊丽莎白和久红瑞等。

2) 育苗时间

重茬地宜选用嫁接苗。2 月上中旬开始育苗。苗龄 30~40d。

3) 幼苗要求

苗高 12~15cm，3~4 片真叶 1 心，子叶完整，叶片浓绿，节间粗短，茎粗 0.3cm 以上，根系发达，无病虫为害。

(2) 定植前准备

1) 整地施肥

冬前整地，亩施有机肥 3~6m^3，或生物有机肥或菌肥 80~120kg，三元复合肥（N-P_2O_5-K_2O 为 15-15-15 或 17-17-17）50~60kg。

2) 作畦

按 100cm 等行距或 80cm、120cm 大小行起垄，垄面平整，并覆地膜。

3) 扣棚

提前 10~15d 扣棚膜。

(3) 定植

地温稳定在 12℃以上，选择阴天傍晚或晴天上午定植。3 月上中旬定植。亩密度 1 500~1 800 株。

(4) 定植后的管理

1) 温度

定植后，白天温度保持 28~32℃，夜间 18~20℃。开花坐瓜前，白天温度 25~28℃，夜间 15~18℃。坐瓜后，白天温度 28~32℃，不超过 35℃，夜间 15~18℃，保持 12℃以上的昼夜温差。通过放风和关闭风口的早晚控制温度。

2) 湿度

空气湿度应控制在 80%以下。通过放风和浇水等方式进行调节。

3）植株调整

幼苗生长至5~6片叶时（植株长到30cm左右时）开始吊绳引蔓，在主蔓第13~15节侧蔓留瓜，留2~3个瓜胎，瓜前留1~2片叶摘心，主蔓其余各节着生的子蔓尽早抹掉。主蔓长到23~25片叶时打顶，顶部留1~2个侧枝，保持长势。

4）辅助授粉

采用熊蜂辅助授粉技术进行授粉。

5）选瓜留瓜

当幼果长至直径2~3cm时进行选果，保留果形正常、无伤、无病的幼果，其余去掉，每株确保1个果。果实膨大后要及时用网兜吊瓜或棉绳牵引固定，以免瓜蔓折断或果实脱落。

【病虫害防治技术】

参照种子消毒处理、早春西瓜嫁接育苗技术规程（DB13/T 2512—2012）、薄皮甜瓜集约化育苗技术规程（DB13/T 2147—2014）；高温闷棚土壤消毒技术规程（DB13/T 1418—2014）。

形成了定植前（育苗）、定植后管理为时间轴，辅以种子消毒、嫁接育苗、高温闷棚等核心技术的田间主要病虫害（果斑病、蔓枯病和白粉病等）综合防控技术。

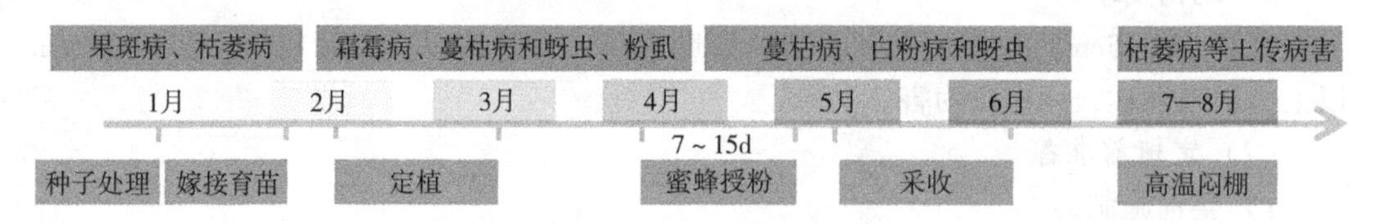

设施西甜瓜全生育期主要病虫害

（1）物理防治

每亩悬挂黄蓝板25~30张，入口和放风口处覆盖40~60目防虫网。

（2）化学防治

使用新式送风式喷雾器或机动喷雾器，提高喷雾效果，提高农药利用率；分时期精准防控，药剂交替使用，预防为主，严格控制农药使用浓度及安全间隔期。

1）定植前

喷药1次。定植前1~2d，10mL 35%锐胜悬浮剂和10mL 6.25%亮盾悬浮剂兑水15kg，淋灌穴盘。

2）定植

用药1次。亩用10亿活芽孢/gNCD-2枯草芽孢杆菌可湿性粉剂1~2kg拌细土，撒施于垄畦或定植穴中；亦可用10mL 35%锐胜（噻虫嗪）悬浮剂和10mL 6.25g/L亮盾悬浮剂（精甲霜灵+咯菌腈）兑水15kg，蘸根后定植。

3）定植后

喷药3~5次，新式送风式喷雾器或机动喷雾器，喷施25%阿米西达（嘧菌酯）悬浮剂1 500倍液和47%加瑞农（王铜+春雷霉素）可湿性粉剂400倍液、卉友（50%咯菌腈）3 000倍液、32.5%绿妃（吡萘·嘧菌酯）1 500倍液、32.5%阿米妙收（苯醚甲环唑+嘧菌酯）悬浮剂1 000倍液。虫害主要采用20%吡虫啉1 000倍液或1.8%阿维菌素乳油4 000~4 500倍液进行防治。

【水肥管理技术】坚持减施化肥，增施有机肥和生物菌肥的原则。按早春大棚西瓜水肥一体化栽培技术规程（DB13/T 2908—2018）、棚室薄皮甜瓜水肥一体化栽培技术规程（DB13/T 5347—2021）和设施厚皮甜瓜水肥一体化滴灌技术规程（DB13/T 2437—2017）进行。

（1）西瓜

1）苗期

定植水每亩用水量8~14m³。定植5~7d后，浇缓苗水，每亩用水量10~12m³。

2）伸蔓期

伸蔓期每7~9d滴灌1次，每次每亩10~12m³。瓜蔓30~40cm时，结合灌水，亩追施氮磷钾水溶肥3~5kg，配比28：6：16。

3）结果期

幼果直径3~5cm时，浇膨瓜水，随水追施高钾水溶肥，每亩5~8kg，每亩用水量10~14m³；以后6~10d浇水1次，每次每亩12~14m³。果实直径12~15cm时，结合浇水施肥1次，高钾型水溶肥亩用量5~8kg，肥料配比16：8：26，累计N3.2~5.6kg、P_2O_5 1~2kg、K_2O 3.6~6.3kg。可叶面喷施中微量元素肥料2~3次。

4）采收期

采收前7~10d停止浇水施肥。

（2）厚皮甜瓜

1）浇水

定植后及时浇一次水，每亩滴灌量20~25m³，定植后5~7d滴灌缓苗水1次，每亩滴灌量8~10m³；伸蔓期于开花前滴灌1次，每亩滴灌量8~10m³；留瓜节位坐果后（果实鸡蛋大小时）开始滴灌膨瓜水，此后每隔7d滴灌1次，共滴灌3~4次，每次每亩灌水量10~15m³；成熟前7~10d停止浇水。

第二个瓜坐果后的滴灌方案与第一个瓜相同。

2）追肥

伸蔓期随滴灌追肥一次，每亩加入氮肥（N）2kg，钾肥（K_2O）1kg；此后每茬瓜坐果后随滴灌追肥2次，每次每亩随滴灌加入氮肥（N）2kg；钾肥（K_2O）3kg。

厚皮甜瓜水肥管理方案

生育时期	灌水次数	亩灌水定额（m³）	亩施肥量（kg）		
			N	P_2O_5	K_2O
定植水	1	20~25	0	0	0
缓苗水	1	8~10	0	0	0

（续表）

生育时期	灌水次数	亩灌水定额（m^3）	亩施肥量（kg）		
			N	P_2O_5	K_2O
伸蔓水	1	8~10	1	0	1
膨瓜水	4	10~15	4	0	6

【增效技术】蜜（熊）蜂辅助授粉技术按棚室西瓜蜜蜂授粉技术规程（DB13/T 2453—2017）和设施甜瓜熊蜂授粉技术规程（DB13/T 2154—2014）进行。

8　内蒙古西甜瓜“三共多选两配套”化肥农药减施增效技术模式

【模式背景】内蒙古地域辽阔，光照资源充足，年日照时数为 2 500～3 100h，自东北向西南逐渐增多；热能资源丰富，大于 10℃的生长活跃期持续日数为 120～160d，积温 2 100～3 100℃；年平均昼夜温差较大，有利于西甜瓜营养物质积累。特别是西部区巴彦淖尔及阿拉善的厚皮甜瓜种植区，是除新疆之外，全国第二大厚皮甜瓜生产基地。中部区呼和浩特、包头及东部区通辽市、赤峰市的薄皮甜瓜种植，每亩产值可达 3 000～5 000 元，经济效益可观。西瓜种植主要集中在巴彦淖尔、鄂尔多斯、通辽、赤峰等地，自治区内外市场销售两旺，具有广阔的发展前景。但是内蒙古东西地域跨度大，生态气候、地理地貌差异大，西甜瓜种植水平不同，特别是盲目施肥现象普遍，个别地块导致了生态环境污染、农产品质量安全、生物多样性破坏、耕地质量下降、生产成本升高等问题。为推动内蒙古西甜瓜健康持续发展，在国家重点研发计划项目的资助下，研究集成了内蒙古西甜瓜“三共多选两配套”化肥农药减施增效技术模式奠定理论基础。

【栽培技术】

(1) 三项共性技术

根据各区域生产实际，突出病虫害提前预防意识，聚焦各区域施肥方式差异大，病虫害防控技术共性强的特点，集成三项共性技术。

①选用抗（耐）病品种，西洲蜜 17 号、塞上明珠等多抗品种；②种子消毒技术，主要利用硫噻原药配制成 200 倍液，浸种 30min 后水洗 5 次，每次洗 10min 并不断搅拌，进行种子消毒；③整枝打杈预防传病技术，整枝打杈前后，分别喷施 86.2%氧化亚铜可湿性粉剂 800 倍液或 52%王铜・代森锌可湿性粉剂 500 倍液，预防打杈过程中操作人员的手传播病菌。

(2) 多项选择性技术

根据各区域栽培管理、施肥施药方式、物资投入等实际情况，集成多项选择性技术。

起垄高畦栽培化肥农药减施技术，沟深 35cm，沟宽 60cm，畦宽 2.3m，可提高化肥养分利用率、降低植株间湿度，减少化肥农药使用量。

平畦覆膜栽培化肥农药减施技术，田间整地后，施用树脂包膜的缓控释肥及有机肥，N、P_2O_5、K_2O 使用量分别为 16.0kg/亩、10kg/亩、8kg/亩，有机肥使用量为 2 000kg/亩，平畦覆膜与施肥同时进行后，浇灌黄河水，西甜瓜整个生育期不浇水或少浇水，降低田间湿度，减轻病害的为害。

农药增效剂减药技术，施用农药时添加“倍倍加”助剂 5mL/亩、“激健”15mL/亩或植物油 30mL/亩，可使化学农药减量 10%～20%。

物理诱控技术，利用黄蓝板诱杀或监测蚜虫、蓟马等害虫，将黄蓝板挂于西甜瓜田中，高出植株 20cm 左右，每亩悬挂 10～20 片，并均匀分布；杀虫灯诱杀，每 50 亩挂置 1 盏杀虫灯诱杀成虫，杀虫灯底部距地面高度 1.5～1.8m。

机械膜间除草技术，田间覆膜时，地表少量撒施碳酸氢铵进行膜内除草；在西甜瓜4~5叶期利用机械铲趟进行膜间除草。

高效施药技术，苗期人工喷药时将喷头翻转，从叶片背面向上喷雾，有利于叶片正反面均匀着药；成株期选用先进植保器械施药，化学农药选用高效低毒低残留农药。

(3) 两项植保配套措施

加强病虫害监测预警，西甜瓜种植区域具有国家级病虫害标准化观测场1个，病虫疫情智能化中心测报站7个，病虫害田间监测点12个，积极开展西甜瓜病虫害监测预警工作，为植保部门和瓜农及时、准确地发布病虫情报，做到早发现、早防控、少用药的目的。加强病虫害统防统治，依托现有的专业化统防统治组织，充分发挥专业优势，利用新药械、新药剂、新技术，扩大统防统治面积、提高农药利用率，实现农药减施增效。

【技术模式推广效果】

(1) 示范区建设

依托国家重点研发计划项目支持，"产学研"联合科研攻关，结合科研部门最新科研成果，因地制宜集成了内蒙古西甜瓜"三共多选两配套"化肥农药减施增效技术模式。三项共性技术和两项植保配套措施在全区范围内均能适用，多项选择性技术要根据各地的栽培方式、土壤类型和绿色防控物资投入能力等进行选择，从而达到化肥农药减施增效的目的。2018—2019年在五原县、磴口县、临河区、杭锦后旗等地开展示范推广工作，面积为48.8万亩。

本项目在内蒙古巴彦淖尔市五原县推广面积最大，化肥农药减施增效效果最为明显，因此以下效益分析均以五原县为例。

(2) 经济效益

示范区和对照区厚皮甜瓜平均产量为2 500kg/亩左右，且没有显著性差异。但是由于示范区病瓜率减少34.4%，即增产34.4%，每亩增产860kg，按五原县厚皮甜瓜平均收购价格2.1元/kg折算，每亩增加经济收益1 806元，经济效益显著。

(3) 社会生态效益

示范区应用了"三共多选两配套"化肥农药减施增效技术模式，选用了树脂包膜的缓控释肥及有机肥配施技术，减少氮肥随灌水压盐流失，提高了氮肥养分利用率，解决了当地"一炮轰"氮肥损失大的难题，减轻了农业面源污染；病虫害防治主要以细菌性果斑病为主，经调查示范区与农民传统防治的对照区全程用药量分别为240g/亩、468g/亩，示范区全程减药48.7%，其中种子消毒对有效防控果斑病至关重要，是西甜瓜种植过程中农药减施最重要的一步，降低了生产成本，保护了农业生态环境，社会生态效益显著。

南方地区西甜瓜化肥农药减施增效集成模式

1　湖北西甜瓜三减三增健康生产技术集成模式

【模式背景】湖北省处于华中地区，属北亚热带季风气候，降水丰沛，雨热同季，早春潮湿寡照，病虫害多发，2017 年全省农药施用量 4.72 万 t，平均亩施用量 0.4kg，是世界平均水平的 2~3 倍。湖北省西甜瓜种植习惯与栽培其他大田作物一样，大水大肥，重化肥轻有机肥，全省 2017 年农作物化肥用量达到 317.93 万 t，平均亩用量达到 26.49kg，远远超过发达国家设立的 15kg/亩的安全上线。在西甜瓜生产过程中化肥、农药滥用、乱用、过量使用现象时有发生，带来的直接影响就是环境面源污染加重，产品安全无法得到保障，西甜瓜生产过程中的化肥农药减施已迫在眉睫。根据湖北省气候特点、土壤营养状况和西甜瓜生产现状，提倡三减（减肥、减药、减工）三增（增产、增质、增效）理念，优化简易、实用、经济的单项新技术，集成适合湖北省乃至华中地区西甜瓜主产区生产要求的化肥农药减施增效综合技术模式，并在主产区进行示范推广。西瓜采用该项技术模式进行种植，化肥平均可减施 32.5%，农药平均减少使用 43.1%，平均每亩减少用工 3~4 个。每亩平均增产 230kg，增收 368 元/亩。

【栽培技术】

（1）品种选择

根据市场需求选择优质、多抗品种。极早熟品种应具有优质、耐寒、耐弱光、耐运输及抗病等特性；早中熟有籽西瓜品种应具有优质、高产、耐湿、耐运输及抗病等特性；中晚熟无籽西瓜品种应具有优质、高产、耐湿、耐热及抗病等特性。

（2）健康种苗生产

种子用杀菌剂 1 号稀释 200 倍（现配现用），浸泡西瓜种子 1h（没过种子为宜），然后用大量清水冲洗 4~5 次，每次用水量约为药剂用量的 10 倍为好，每次清水浸泡 10min（搅拌种子），或流水冲洗 30min，冲洗过程中不断搅拌种子。生产嫁接苗，用葫芦作砧木，生产健康标准化种苗。

（3）土壤消毒

上茬作物收获结束后，清洁大棚，撒施商品有机肥，同时撒施石灰氮 40~50kg/亩，然后用大型旋耕机深翻 4~5 遍，深度为 25~30cm，将有机肥和石灰氮埋入土中。在旋耙结束后铺设滴灌带，盖上地膜。开启滴灌，土壤含水量达到田间持水量的 70%为宜，浇水后封棚。从 7 月上旬开始到 8 月上旬结束，保持棚室封闭持续 20~30d。闷棚结束后，及时揭膜通风晾晒。通风 7~14d 后撒施生物菌肥。用小型旋耕机浅翻一次后可整地起垄。

（4）有机肥代替部分化肥

在土壤消毒时撒施商品有机肥 480~520kg/亩，土壤消毒结束后撒施生物菌肥 100~150kg/亩，微肥 12kg/亩。然后用旋耕机旋耕 1~2 遍。

（5）化肥机械深施

机械化底肥深施技术主要是使用农业机械将底肥施于土壤表层以下一定的深度，从而达到减少化肥损失，提高化肥利用率，节省成本，增加效益的目的。用开沟机开深度约为20cm的施肥沟，沟施化肥25~30kg/亩，比传统减少施用化肥30%~60%，之后盖土起垄。

（6）水肥一体化设备安装

水肥一体化技术是将施肥与灌溉结合在一起的农业新技术。它通过压力管道系统与安装在末级管道上的灌水器，将肥料溶液以较小流量均匀、准确地直接输送到作物根部附近的土壤表面或土层中的灌水施肥方法，可以把水和养分按照作物生长需求，定量、定时直接供给作物。其特点是能够精确地控制灌水量和施肥量，显著提高水肥利用率。水肥一体灌溉系统包括水泵、阀门、过滤器、棚室内主管及支管等。每厢铺2根滴灌管或1根微喷灌带，上面覆盖一层地膜。灌溉水宜采用蓄积的雨水、自来水或者其他达标的灌溉水。

（7）全地膜覆盖

大棚畦面全地膜覆盖，沟可用黑色园艺地布（或稻草、小麦秸秆等）覆盖，降低湿度，减少病、草害的发生。

（8）定植

宜当地表下10cm内土温稳定在15℃以上，平均气温稳定在18℃以上，最低温度不低于12℃时开始定植。选晴好天气定植，早春宜上午定植，夏秋宜下午定植。爬地栽培的在厢面中间定植1行，株距宜为40~45cm，亩栽550~650株；立架栽培的每厢栽2行，株距45~50cm，亩栽1 700~1 900株。浇足定根水，封好定植孔。

（9）整枝理蔓

小果型西瓜可采用吊蔓栽培，双蔓整枝方式，除主蔓和所留1条子蔓外，及时打掉其余侧蔓，控制植株营养生长，以促进坐果。中果型西瓜采用爬地栽培，三蔓整枝方式，只留主蔓和2条子蔓，其余侧蔓均打掉，坐果后不再整枝。各蔓均匀分布，保证通风透光良好，降低田间湿度，减少病害发生。

（10）授粉留瓜

大棚内栽培西瓜，须进行人工授粉，授粉时间宜在每天上午7：00—9：00。授粉时摘下当天盛开的西瓜雄花，轻轻将花粉均匀涂抹在雌花柱头上，授粉时选择主蔓12节以上雌花。待果坐住后，选留果形端正、果柄直而粗、符合品种特性的幼瓜，其余未选留的瓜应及时摘除。小果型西瓜每株选留2个幼瓜，中果型西瓜每株选留1个幼瓜。

【病虫害防治技术】

（1）防治原则

按照“预防为主，综合防治”的原则，坚持“农业防治、物理防治、生物防治、化学防治相结合”的防治方法。

（2）主要病虫害

主要病害有炭疽病、枯萎病、蔓枯病、疫病、病毒病等。主要虫害有蚜虫、红蜘蛛、黄守瓜、烟粉虱、蓟马、瓜绢螟、美洲斑潜蝇等。

（3）农业防治

针对当地主要病害，选用多抗品种，宜培育健康嫁接苗，做好田园清洁和全地覆盖，合理放风，宜选晴天及时整枝理蔓，清除并集中处理病株和杂草。

（4）物理防治

大棚采用防虫网进行隔离。棚内可用添加有信息素的黄板、蓝板诱杀蚜虫、烟粉虱、美洲斑潜蝇、蓟马等，可用性诱捕器，诱杀小菜蛾、斜纹夜蛾等。棚外可设置杀虫灯诱杀害虫。

（5）生物防治

利用瓢虫、草蛉、捕食螨等自然天敌防害虫，提倡使用苏云金杆菌（Bt）制剂等微生物农药，和鱼藤酮、苦参碱等植物源农药防治虫害。

（6）化学防治

严禁使用剧毒、高毒、高残留农药；不同农药应交替使用，每种农药使用1~2次；宜多熏棚少喷雾，降低棚内湿度，减少病害发生；可用锯末拌杀虫剂撒施于叶片和地面，延长防治时效，减少施药次数，降低农药残留。

（7）新型施药设备

施药器械的好坏，直接影响药液使用量以及防治效果。为提高防治效果，并降低药液使用量，可选用电动风送弥雾机、水雾烟雾两用机、推车式电动高压打药机等。

【水肥管理技术】

（1）水分管理

生长前期一般不需浇水，伸蔓期后根据土壤墒情灌溉。采用滴灌，可结合追肥进行，采收前5d应停止浇水。

（2）肥料管理

伸蔓肥根据瓜苗长势，每亩可追施含腐质酸或氨基酸冲施肥10~15kg；膨瓜肥在第一批瓜长到鸡蛋大小时，每亩施含腐质酸或氨基酸冲施肥15~20kg；大中棚栽培的可采收2~3批瓜，在第一批瓜收获后应再追肥一次，以后每收获一批追肥一次，用量看苗情长势而定。追肥采取滴灌方式为宜。

2 湖南西瓜露地栽培减肥减药技术模式

【模式背景】西瓜由于种植时间短、见效快、效益高，是湖南省农业增效、农民增收的主要产业，随着农业种植结构的优化调整，在全省农村经济可持续发展中的地位越来越重要。目前全省西瓜种植面积稳定在10.5万hm^2，其中90%为露地西瓜。随着全省西瓜产业优势区域逐步规模化、集优化，由此带来了高密度种植、轮作困难等问题，加之西瓜生长前期经常遇到连续低温、阴雨、寡照天气，极不利于西瓜的生长发育，对露地西瓜影响更加明显。从而导致了全省西瓜露地种植区病虫害种类多，为害严重，瓜农对病害不能准确识别，不能及时和对症用药，综合防治措施不力，造成化学农药过量施用。湖南省西瓜种植土壤结构以黏土、砂壤土为主，偏酸性，施肥主要以化肥为主，有机肥料施得较少。老瓜产区较为普遍的盲目施肥，盲目使用农药现象，以及农村日渐突显的劳动力短缺和劳动成本增加问题，给西瓜生产带来了严重的影响。我们在研究确定含木霉、光合细菌等功能性有益微生物对西瓜防病促生长的作用，和全省西瓜主要病虫害种类以及高效低毒药剂筛选，以及在2018—2019年试验及核心示范应用的基础上，集成优化了有机、生物菌肥增施或替代复合肥+病虫害绿色高效综合防控，以及应用小型机械翻耕、工厂化育苗、稀植（每亩120~200株）不整枝、膜下水肥滴灌等简约化栽培的湖南地区西瓜露地栽培减肥减药技术模式。该模式应用内吸性强的高效低毒化学杀虫、杀菌剂协同应用，长持效预防和防治病虫害，同时大大提高工效，节省劳力，减少化肥和农药的施用量，降低了生产成本和环境污染。

2020年6月，经专家现场测评，本模式与常规施肥施药模式相比，示范区化肥减施示范区化肥减施42.8%，化学农药减施28.6%~44.4%，与对照相比产量增加5.4%。该模式已在湖南省邵阳县、祁阳县、邵东县、麻阳县和浏阳市等西瓜主产区累计推广11.1万亩。

【栽培技术】

（1）品种选择

选择耐病、抗逆性强、产量高、品质优、果实商品率高、耐贮运、适应性好的品种，经过在全省西瓜种植区多年的种植实践和市场选择，有籽西瓜主要选择雪峰甜王、黑美人、雪峰黑媚娘、京欣系列等品种；无籽西瓜主要选择雪峰花皮无籽、雪峰黑马王子、雪峰大玉无籽4号、洞庭1号等品种。

（2）培育壮苗

育苗一般采用基质穴盘育苗。建议从育苗场购买嫁接苗。高质量嫁接苗是露地西瓜简约化栽培优质丰产最重要的基础之一。

（3）定植前机械化操作

根据种植田土壤状况，冬前用拖拉机或旋耕机等机械翻耕土壤，深度约30cm，早春抢晴天重复耕一次，开好围沟、腰沟和厢沟“三沟”，一般畦宽4~5m（包沟），腰沟深0.4m，畦沟中断稍浅（约0.25m），两头稍深（0.3m），围沟深0.5m，要求沟沟相通，雨停田间无积水。

部分适宜湖南露地栽种的西瓜品种

(4) 水肥一体化技术

在整地作畦覆膜之前，在每条定植带上铺设 1 根滴管。定植前 3~5d，在每畦中央铺地膜。

(5) 定植及定植后的藤蔓管理

在定植时，先用直径 5cm 的铁筒在膜上打孔。西瓜在 4 月中下旬，苗龄二叶一心到三叶一心时，选晴好天气定植到打孔的洞中，移栽时，对瓜苗进行分级移栽，但要注意不要让秧苗栽在肥堆上。如果是嫁接苗，须保持嫁接口离土面 2~3cm，以免产生不定根，从而失去嫁接的作用；同时经常及时清除砧木萌生芽或藤蔓。一般每亩定植 200 株左右，肥力水平高的适当稀植，反之则适当密植。

稀植栽培原则上不整枝，只是在瓜蔓生长前期选留 5 条蔓，即 1 条主蔓 4 条侧蔓，其余的蔓全部打掉，并把 5 条蔓均匀分布在畦面 5 个不同的方向，以后不再整枝打杈。

(6) 适时坐果和采收

留瓜部位的选择对西瓜的单果大小、品质和产量高低有直接影响，一般应选留主蔓第 3 至第 4 雌花节或侧蔓第 2 至第 3 雌花节坐果。授粉方式采用天然虫媒授粉。无籽西瓜栽培采用 3 行无籽西瓜栽 1 行授粉有籽西瓜，小丘地块采用 3 株无籽西瓜栽 1 株授粉有籽西瓜，注意无籽西瓜与有子西瓜区分要明显，便于分类采摘。当果实鸡蛋大时，需选果定瓜，应选留子房肥大、瓜形正常、色泽新鲜发亮的幼瓜，其余的瓜全部摘掉。在采收前 5~7d 选留好下一批小瓜，成熟采摘时间从 6 月底至 8 月初，一般可采收 3~4 批瓜。

【病虫害防治技术】

病虫害防治以预防为主，进行综合防治。

苗期：定植 2~3d 缓苗后，施用内吸性杀虫剂（噻虫嗪、吡虫啉等）加噁霉灵灌根，预防虫害及枯萎病、根腐病等土传病害，叶面喷施光合细菌微生物菌剂“瓜爽”200~300倍液预防病毒病提高植株抗逆性。

伸蔓期：甲霜·噁霉灵灌根或喷施代森锰锌预防枯萎病、根腐病等病害，叶面喷施光合细菌微生物菌剂“瓜爽”200~300倍液提高植株抗逆性促进植株生长。

坐果初期：喷施苯甲·嘧菌酯（阿米妙收）加代森锰锌加噻虫·高氯氟，预防枯萎病、疫病、炭疽病、蔓枯病等及防治黄守瓜、斑潜蝇、蓟马等虫害。叶面喷施光合细菌微生物菌剂“瓜爽”200~300倍液提高植株的抗逆性及瓜的品质。

膨瓜期：喷施甲维盐加氯虫苯甲酰胺加阿米妙收加春雷霉素预防枯萎病、疫病、炭疽病、叶斑病及叶部细菌性病害等，防治蚜虫、红蜘蛛、守瓜、斑潜蝇、瓜绢螟、斜纹夜蛾类、蓟马等虫害。叶面喷施光合细菌微生物菌剂“瓜爽”200~300倍液提高植株的抗逆性及瓜的品质。

【水肥管理技术】

（1）基肥

在定植前7~10d采取撒施的方式施入基肥，即将腐熟的有机肥、发酵的菜枯与适量无机肥混匀穴施或沟施的方式埋入土壤中，并与土壤混匀。每亩施基肥的标准如下。

1）有机肥

有机肥为腐熟的猪、牛厩等粪肥，每亩800kg，以及含木霉菌的生物菌肥250kg。

2）化肥（二者任选一种）

①养分总量为25%的复合肥（以硫酸钾复合肥最好）35kg；②养分总量为45%的复合肥（以硫酸钾复合肥最好）20kg。

（2）追肥

1）提苗肥

定植一周后开始追施提苗肥，苗期一般2~3次，以腐熟人粪尿10%~20%或0.3%复合肥水淋蔸。

2）伸蔓肥

瓜蔓40cm时，一般每亩施硫酸钾复合肥5kg，伸蔓肥根据苗情长势增减施肥量，生长势较旺的免施。通过滴灌施入，无滴灌的在距瓜蔸50cm处开沟追肥。

3）膨瓜肥

坐果鸡蛋大小时，每亩施尿素10kg、硫酸钾20kg，分3次施用，每周一次，连施3次，也可一次性施入。果实膨大期若遇干旱应及时灌溉。采收前一批瓜后立即施下一批瓜的膨瓜肥，用法同第一批瓜。

湖南露地西瓜一般6月之前不需要滴水，7月后进入高温期，根据瓜苗生长情况利用滴管进行滴水和施肥。这项技术节水节肥，可控性强，水肥利用率高，省工省时，提质增效，又可避免肥料（尤其是铵态和尿素态氮肥）在较干表土层的挥发损失等问题。

3　湖南西瓜长季节栽培减肥减药技术模式

【模式背景】

大棚西瓜长季节高产栽培，可解决西瓜下市早、供应期短、不能满足消费者在夏末和秋季食用新鲜西瓜需求等难题。在湖南，长季节栽培西瓜采收期可从5月上中旬至10月底，采瓜5~6批，平均产量达8 856kg/亩，高产田可达10 000 kg/亩，每亩产值20 000~30 000元，经济效益显著，是一项很有发展潜力的高效西瓜种植模式。但因湖南位于长江中下游地区，为大陆性亚热带季风湿润气候，全年雨量充沛，年平均降水量在1 200~1 700 mm，且多集中在5—6月（为全年70%降水量），设施栽培西瓜常用的不施基肥多次追肥的水肥一体化施肥方式并不适合该省。此外，设施栽培模式不易水旱轮作，土壤质量下降、养分供应失衡和有毒物质积累、土传病害发生严重等连作障碍问题在全省设施西瓜区亟待解决。任务组集成优化了以"长效缓释肥作基肥+二、三茬接力肥、种子消毒/无病嫁接苗培育、土壤微生物生态修复、病虫害精准施药"为核心技术的湖南地区西瓜设施长季节栽培减肥减药技术模式。该模式应用西瓜长效缓释肥作为基肥，使得肥料中的养分供西瓜持续吸收利用，减施了化肥追肥的施用量；应用木霉、光合细菌等功能性有益微生物对连作土壤进行生态修复、促进西瓜生长和抑病作用，并通过对靶标病虫害精准用药，减施了化学农药施用量。

2020年6月，经专家现场测评，该模式与常规施肥施药模式相比，示范区化肥减施21.8%，化学农药减施33.3%~40.0%，测评区增产14.6%。目前，该模式在邵东县、邵阳县、祁阳县、麻阳县、蓝山县、浏阳市、湘潭等设施西瓜主产区累计示范推广了5.9万亩。

【栽培技术】

（1）品种选择及种子处理

西瓜大棚栽培尤其是连作栽培，枯萎病发生严重，为有效预防枯萎病的发生提高植株的抗逆性，一般长季节栽培多种植嫁接苗。在嫁接苗品种选择上，接穗选用早熟、高产、优质、抗病、耐低温弱光、耐热、果形适中的早佳（8424）、红大、雪峰黑媚娘、雪峰早蜜等品种，砧木选用亲抗水瓜、葫芦砧1号、新土佐白籽南瓜等。

雪峰黑媚娘　　雪峰早蜜（雪峰168）果实与剖面图

部分长季节栽培的西瓜品种

西瓜种子选择好后，选晴天晒种 1~2d，忌直接将种子放在水泥地晒，以避免烫伤种子。种子晒好后，用杀菌剂 1 号（中国农业科学院植物保护研究所专利产品）药剂 200 倍液浸泡种子 1h，或在 50%多菌灵 500 倍液中浸泡 1h，擦去种子表面黏液，彻底水洗后催芽。砧木种子消毒则是将种子倒入 70℃左右的热水中，不断搅拌，待水温降至 30℃后，搓洗干净，然后在常温下浸种 30h 后催芽。

（2）嫁接育苗

在湖南省，嫁接常用的是插接法（又称顶插嫁接），应用该方法在培育幼苗时，应注意砧木比接穗先播种，提前播种的天数根据选用的砧木种类和嫁接方法而定。一般用瓠瓜或葫芦做砧木，砧木先播种 7~10d，或在砧木顶土出苗时播种接穗；用南瓜做砧木，南瓜比瓠瓜和葫芦发芽快，苗期生长也快，接穗的播种期距砧木的播种期还要近一些。培育幼苗的营养土可用 3 份肥沃的熟土，1 份腐熟的堆肥，每立方米营养土再加入过磷酸钙 1.5kg，草木灰 10kg，3%辛硫磷颗粒剂 10g 和 50%多菌灵可湿性粉剂 100g，对基质进行杀虫、杀菌消毒。也可以直接应用商品育苗基质。

培育的嫁接苗在苗龄 40d 左右时，呈现出真叶 2~3 片，叶色浓绿，子叶完整，接口愈合良好，节间短，幼茎粗壮，生长清秀的表型，则达到了壮苗的标准。

（3）整地做畦及搭建大棚

湖南西瓜大棚多为竹架简易棚。该类棚搭建时，要求年前深翻冻垡，定植前 15d 左右旋耕整地做畦，每畦 6~7m，畦两边各留 25~30cm 压膜，棚高 1.8m，宽度 5.5~6.5m，覆盖 0.5~0.6mm 厚的无滴膜。棚间距 1.1m。每个棚内划成 2 畦，各栽 1 行西瓜，每畦铺设好滴灌带，全膜覆盖。越夏和秋延后期间防雨避病的需要，不用围裙，而用农膜直接覆盖压紧，靠两头通风，因此大棚不能过长，以 25~28m 为宜，最长不超过 30m，大棚南北向，以保证夏季高温时能较好地通风降温。南北 2 栋大棚不能对齐，要交叉开。

（4）适期定植

1 月中旬至 2 月下旬，瓜苗二叶一心或三叶一心，棚内土温 10℃以上，日温 20℃以上时开始定植。采取爬地栽培，行株距（2.5~3）m×（0.8~1）m，每亩栽植 220~250 株，三膜覆盖。

（5）全生育期温度、植株管理

1）缓苗期

前 3d 以保温为主，严密覆盖大棚，保持小拱棚温度 30~35℃。缓苗后，温度可适当降低，25~30℃。检查瓜苗成活情况，出现死苗，立即补栽。发现萎蔫苗，晴天下午每株浇 300 倍液磷酸二氢钾和 250 倍液尿素混合液 500mL。发生僵苗，用 300 倍液磷酸二氢钾浇瓜苗或叶面喷施 0.3%磷酸二氢钾。此期，多阴雨天，少浇水。

2）伸蔓期

出蔓后及时理蔓，让藤蔓往两边斜爬。理蔓每天下午进行，避免伤及藤上茸毛或花器。主蔓 60cm 左右开始整枝，去弱留壮，每株保留 2 条粗壮侧蔓。整枝不能一步到位，要分次进行，隔 3~4d 1 次，每次整 1~2 个侧蔓，坐瓜后不再整枝。日间棚温 20℃以上，可揭去小拱棚膜。棚温超过 30℃，选择背风处通风降温，下午棚温 30℃左右关闭通风口。阴天和夜间仍以覆盖保温为主，保持棚内夜温13℃以上，棚内夜温稳定在15℃以上可揭去小拱棚。

3）结果期

白天温度保持在25~30℃，夜间不低于15℃，否则坐果不良。植株长势好、子房发育正常，主蔓、侧蔓第1朵雌花坐瓜。开花时，早上7：00—9：00进行人工授粉，阴天适当推迟。人工授粉后做好标记，注明坐瓜时间。嫁接西瓜比自根西瓜易坐瓜，且第1批瓜过多易出现畸形瓜，要求幼瓜坐稳后，每株保留正常幼瓜1个，其余摘除。

4）多次结果

第1批瓜采收后，不要急于坐第2批瓜，要施1次植株恢复肥。第2批瓜平均每株坐1.8~2个，随着采收批次的增加，嫁接西瓜生长势比自根西瓜显弱，坐瓜数也应减少。且嫁接西瓜耐热性不及自根西瓜，夏季植株以养藤蔓为主，少坐瓜，同时要采取降温措施，在大棚中间开边窗、棚膜上覆盖遮阳网，将棚温控制在35℃以下。

（6）适时采收

嫁接西瓜必须采摘自然成熟瓜，不能高温闷棚催熟，以免影响果实品质。第一批瓜一般在坐瓜后40~50d采收，以后随气温的升高，坐瓜后27~30d即可采收。

【病虫害防治技术】

（1）种子处理技术

种子采用55℃温汤浸种20~30min，或杀菌剂1号200倍液浸种1h，或50%多菌灵可湿性粉剂500倍液浸种1h进行消毒，预防种传病害。

（2）嫁接育苗技术防治根部病害

购买集约化育苗场的优质西瓜嫁接苗，或应用前述方法培育嫁接苗壮苗。

（3）连作土壤消毒及微生物菌剂修复技术

土壤温度（5cm处）为20~25℃时施用棉隆效果最佳。人工或者机械均匀施撒棉隆后，立即旋耕，确保土壤与棉隆充分混匀。紧接着覆盖厚度大于0.03mm的原生塑料薄膜（覆膜前要确保土壤表面5cm土层湿润。覆膜后要在膜上加压砂子或其他重物，如有破损应及时修补）。

土壤4cm处温度大于24℃时覆膜15d揭膜；小于24℃覆膜20d以上揭膜。揭膜通风14d后施入“馕播王”生物有机肥800kg/亩或自制的木霉微生物菌剂修复土壤。

（4）苗期病虫害管理技术

西瓜苗期，病害主要。定植前可使用内吸性杀虫剂吡虫啉或噻虫嗪加噁霉灵对幼苗茎基部进行喷淋处理，预防立枯病、猝倒病、根腐病、蚜虫、黄守瓜和斑潜蝇等。叶面喷施光合细菌微生物菌剂“瓜爽”200~300倍液促进植株生长提高抗逆性。

（5）成株期病虫害管理技术

在大棚的通风口设置40~60目防虫网，在棚内悬挂20~25张/亩黄色和蓝色中型粘虫板（25cm×30cm）诱杀粉虱、蓟马等。

定植缓苗后3~7d、生蔓期、坐果期及膨果期各时期，应用“瓜爽”300倍液叶面喷雾，诱导植株对病毒病的抗性及促进生长。

棉隆进行西瓜连作土壤消毒处理

植株未发病时，应用保护性杀菌剂进行预防。发病初期，对病虫害进行精准施药防治。长季节栽培西瓜主要病虫害的防治药剂及其使用方法见下表。

湖南西瓜长季节栽培主要病虫害及其防治药剂

防治对象	防治药剂	用药量	施药方式
蔓枯病	325g/L 苯甲・嘧菌酯悬浮剂	30~50mL/亩	喷雾
	48%嘧菌・百菌清悬浮剂	75~90mL/亩	喷雾
	10%多抗霉素	120~140g/亩	喷雾
	22.5%啶氧菌酯悬浮剂	35~45mL/亩	喷雾
疫病	50%烯酰吗啉可湿性粉剂	40g/亩	喷雾
	72%霜脲・锰锌可湿性粉剂	150g/亩	喷雾
	687.5g/L 氟菌・霜霉威悬浮剂	60~75mL/亩	喷雾
炭疽病	36%苯醚甲环唑・吡唑醚菌酯悬浮剂	40mL/亩	喷雾
	40%苯醚甲环唑・肟菌酯悬浮剂	30mL/亩	喷雾
瓜绢螟	1.8%阿维菌素乳油	30~40mL/亩	喷雾
	200g/L 氯虫苯甲酰胺悬浮剂	7~10mL/亩	喷雾
	10%溴氰虫酰胺可分散油悬浮剂	14~18mL/亩	喷雾

（续表）

防治对象	防治药剂	用药量	施药方式
蓟马	60g/乙基多杀菌素悬浮剂	40~50mL/亩	喷雾
	150 亿孢子/g 球孢白僵菌可湿性粉剂	160~200g/亩	喷雾
	1.5%苦参碱可溶液剂	40~50mL/亩	喷雾
红蜘蛛	1.8%阿维菌素乳油	30~40mL/亩	喷雾
	20%哒螨灵可湿性粉剂	15~20g/亩	喷雾
	73%炔螨特乳油	25~35mL/亩	喷雾

【水肥管理技术】西瓜移栽前，亩施西甜瓜长效复合肥 50kg 及微生物菌肥 20kg；第一批瓜采收后，不要急于坐第二批瓜，施一次植株恢复肥，每亩膜下随水冲施三元复合肥 5kg、高钾型水溶肥 5~10kg，并叶面喷 0.2%~0.3%磷酸二氢钾液 1~2 次。以后每采 1 次瓜按照上述肥量施 1 次肥，然后再坐瓜。其他生长阶段根据田间土壤墒情进行灌水。

4 江苏设施甜瓜化肥农药减施增效栽培技术模式

【模式背景和效果】针对西瓜生产中长期大量施用化学肥料、化学农药，土壤养分供应不平衡及土壤微生物区系紊乱、化学肥料利用率低等问题，围绕项目的总体设计，集成了“生物有机肥育苗+生物钾肥+（生物）有机肥替代+种子消毒+绿色防控高效药剂综合技术”。关键技术/产品/综合技术模式在示范区示范 12.7 万亩、辐射推广 18 万亩，提高化肥（氮肥）利用率 15 个百分点，平均减施化肥 32%、提高农药利用率 12 个百分点，平均减施农药 35%，增产 5%。

【栽培技术】配套栽培技术包括选择良种、培育壮苗；合理密植，多层覆盖；施足基肥，适时追肥；科学整枝，人工授粉等。西瓜生长过程中，加强田间管理，尤其是在高温季节，要控制合适的土壤湿度，保持大棚通风良好，以防控病害的发生。

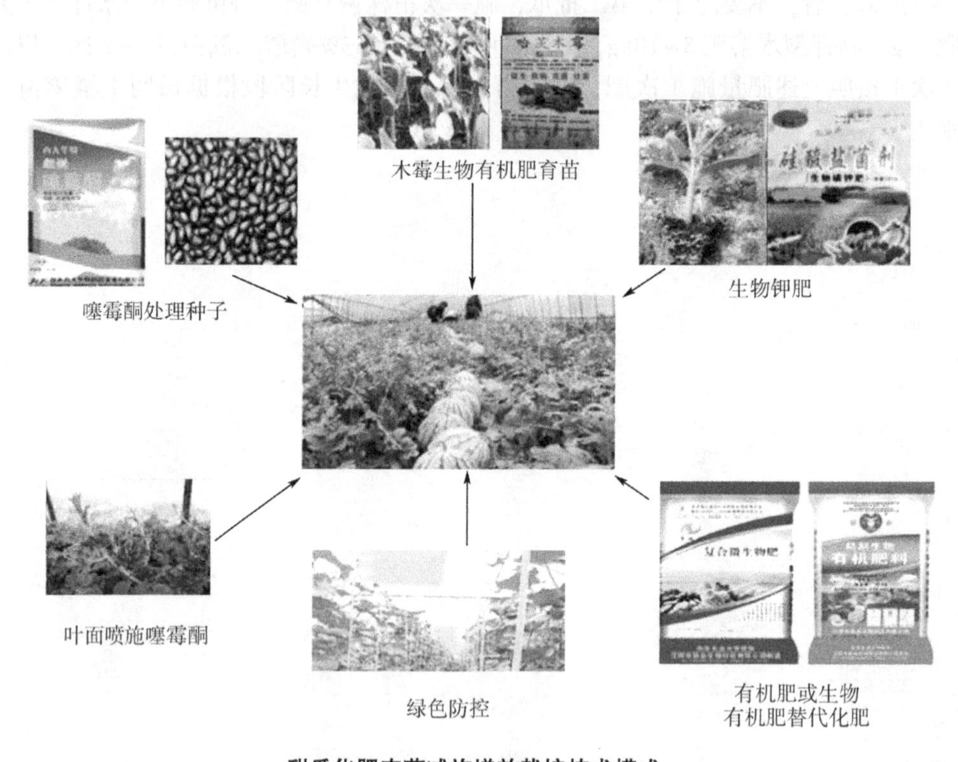

甜瓜化肥农药减施增效栽培技术模式

【病虫害防治技术】播种前进行种子消毒处理：200mL 拌生源加 3kg 水，拌 50kg 种子。此外，在结瓜初期喷施保护控制白粉病发生。在早春西甜瓜大棚口悬挂银灰色薄膜条或覆盖银色薄膜驱避蚜虫。使用福建艳璇生物防治技术有限公司生产的捕食螨防治红蜘蛛。在西甜瓜大棚内悬挂黄板，每亩 20~30 块，防控潜叶蝇，并在黄板上嵌入潜叶蝇性诱剂诱芯，增强对潜叶蝇的诱杀效果，在发生严重时应用阿维菌素杀灭潜叶蝇。

【水肥管理技术】拌种后，将种子播种在育苗基质中，育苗基质中另外添加5%的木霉生物有机肥，用于促生，培育壮苗。土壤翻耕后，在将要移栽西瓜苗而起垄的地方撒施有机+无机+木霉全元复合肥，使用量为400kg/亩，然后起垄，覆膜，在垄上移栽西瓜苗。西瓜苗移栽后，将钾细菌菌剂（5亿/mL）用水稀释500倍液，灌浇在苗的根部。西瓜生长过程中不使用追肥，节省了劳力。

5 浙江设施甜瓜化肥农药减施增效栽培技术模式

【模式简介】浙江省厚皮甜瓜的生产始于20世纪90年代，21世纪起厚皮甜瓜产业开始蓬勃发展，到2020年全省甜瓜种植面积达到了25.0万亩，其中厚皮甜瓜约占全省甜瓜总种植面积的70%以上。由于厚皮甜瓜种植设施化程度高、土地轮作困难、肥料利用率低以及土传病害发病严重。近年来，浙江省甜瓜主产区已出现种植比较效益下降的趋势，急需开展土壤处理、嫁接、水肥一体化技术以及轮作模式的研究，集成南方设施甜瓜化肥农药减施综合技术和模式，构建土壤健康型、肥料高效型、环境友好型的生产体系，实现节水、节肥、省工、节本、绿色、可持续发展的生态模式。

为解决上述问题，浙江大学、宁波市农科院等单位开展了多年试验，研究总结了嫁接栽培、水旱轮作、土壤处理、微生物菌肥、微生物菌剂、物理防治、水肥药气一体化等减肥减药技术，集成建立了1套适合浙江省栽培要求的甜瓜化肥农药减施增效技术模式，并已在浙江宁波市、台州市等主要产区示范推广12.6万亩，累计节本增效5 475.85万元。该栽培技术模式与传统栽培模式相比，化肥用量减少30%以上，农药用量减少25%以上，2020年在核心示范基地宁波市鄞州景秀园果蔬专业合作社经过专家现场测产，实现肥料减施43.9%，农药减施55.7%，亩产量增加9.99%。可见，综合技术模式的应用具有较好的减肥、减药、提质、增产及节本增收的效果，利于生态环保，为浙江地区设施甜瓜产业的绿色可持续发展提供技术保障。

【栽培技术】

（1）春季栽培

1）播种育苗

大棚早熟栽培，宜于1月下旬播种。早春宜用温床育苗根据苗龄选择32孔穴盘育苗，选用瓜类专用育苗基质，或用泥炭与珍珠岩按照1∶1混合。

2）苗床管理

出苗前床温白天保持28~30℃，夜间18~20℃。出苗后，及时去掉地膜，防止幼苗徒长。移栽前7~10d，白天保持18~20℃，夜间14~16℃，进行炼苗。出苗前不再浇水，如发现床土过干，可适量补充水分。春季浇水应避免水温与床温温差过大。

3）整地施肥

越冬前深翻土壤，定植前1个月浅耕，整地做畦。每亩用腐熟有机肥1 250kg、硫酸钾型复合肥30kg、过磷酸钙30kg作基肥，浇透底水。平整畦面后，覆地膜前1d将多菌灵1kg、辛硫磷颗粒1kg混合后撒在畦上，并铺设滴灌带。畦高40cm，沟宽40~50cm，沟深35cm左右，畦宽1~1.2m，起龟背畦。

4）定植

春季2月下旬定植，苗龄3~4叶1心为宜。定植前半个月扣棚，棚内10cm地温稳定在15℃以上时选晴天定植。爬地栽培种植密度增500~600株/亩。

5）植株调整

双蔓整枝主蔓3~4叶摘心，留2条子蔓，孙蔓10~15节坐果，10节以下孙蔓整枝后预留坐果枝，之后只进行孙蔓打头，不进行精细整枝。结合使用宇花灵2号等抑制植株分蘖生长的药剂，节省整枝期间人工投入。

6）授粉

采用虫媒授粉（蜜蜂授粉），减少授粉期间的人工投入。开花前10d左右将蜜蜂放入。授粉期间禁止使用杀虫剂等农药，进行病害防治喷药前将蜂箱移出，隔天将蜂箱移入。

7）坐果

双蔓整枝的甜瓜多次采收，因后期不整枝，蜜蜂授粉、不疏果，坐果时间随机，因此要根据甜瓜成熟时的特征特性进行采收，平均每株采收2~3批瓜。

8）采收

适时采收，根据品种的特征特性及授粉时间推算采收时间，最好在授粉期做好标记，以推算果实生长日期，同时也可根据该品种成熟果实固有的色泽、花纹、网纹、棱沟、香味浓郁程度等进行判断。当结果枝叶片叶肉失绿，叶片变黄，呈现缺镁症状，预示着果实即将进入成熟采收期。一般于9成熟时采收，宜选在清晨露水干后或傍晚采收，两头带叶剪下，防止扭伤瓜蔓，把瓜柄剪成“T”字形，以利于在销售和暂时贮存过程中促进成熟，提高果实的品质。

（2）秋季栽培

1）播种育苗

7月中下旬播种，8月上旬定植，采用外遮阳覆盖降温。甜瓜浸种2h，在28~30℃条件下催芽，当70%的种子露白时即可播种。采用穴盘育苗：将瓜类育苗基质装入50孔穴盘中备用，将每穴打孔1.5cm深，播种后覆盖基质土。夏秋季育苗浇水宜早晚，且见干见湿，避免湿度过大造成徒长及猝倒病。

2）定植

定植前施入土壤处理剂（石灰氮等）闷棚处理20d，定植前浇透底水，选择傍晚定植。夏秋季定植需覆盖黑色地膜，遮盖遮阳网缓苗，注意高温危害，之后视温度情况早晚揭、中午盖，待苗情正常之后再撤掉遮阳网。

3）田间管理

甜瓜生长最适宜的生长发育温度为25~30℃，生长的最高温度为35~40℃，夏秋季栽培要注意高温危害，中午温度过高时要遮阳降温，同时要尽量减少整枝，保证一定的叶面积，防止高温早衰。夏季由于水分蒸腾量大，在栽培过程中需浇伸蔓水1~2次，根据植株生长情况确定是否补充肥料。

4）整枝留果

夏秋季栽培坐果节位在10~15节，选留3个子蔓授粉，最后选留一果。坐果在鸡蛋大小时需追膨瓜肥一次，每亩用硫酸钾型复合肥7.5~10kg，绿韵促根增甜冲施肥等0.5~1kg，每亩用水量150~200kg。

【病虫害防治】

（1）土壤处理

1）高温闷棚灌水

选择夏季6月下旬至7月中下旬高温期，先将前茬作物清出大棚，土壤表面均匀撒施未腐熟有机肥及稻草（最好是锯末、稻谷壳混合堆制），每亩施用未腐熟的农家有机肥1 000~1 500kg、稻草500kg。用旋耕机将有机肥均匀翻入土中，深翻土壤30~40cm。土壤整平后做成1.5~3m的畦面。用旧的塑料薄膜覆盖地面，并将畦面表面密封。密闭大棚，从薄膜下往畦内灌水至畦面完全淹没，密闭大棚持续20~30d，以便借高温杀死有机肥中的病菌虫卵以及土壤中的病原菌。

2）冬季深翻冻土

瓜田秋季拉秧后深翻25~30cm，将表土病菌和病残体翻入土壤深层进行腐烂分解，减少越冬菌源。重茬田可采取移沟法交换阴阳土。设施尽量通风或去掉覆盖物，利用自然的温度进行降温，减少越冬的病原菌和虫口基数。

3）土壤药剂处理

酸性土壤可施用生石灰、石灰氮或喷洒石灰水。碱性土壤通过排水洗盐，施用高锰酸钾、漂白粉等药剂。有枯萎病史的田块，播前用五氯硝基苯、或80%代森锌可湿性粉剂600倍液，或用70%敌磺钠可湿性粉剂700倍液，或50%多菌灵可湿性粉剂500倍液等菌剂喷洒于沟内或将药土施入播种穴，进行土壤消毒。

4）生物菌肥应用技术

生物菌肥是以作物秸秆为原料，采用复合有益菌发酵而成，土壤施用生物菌肥目的是起到以菌抑菌，为西甜瓜根系创造良好的生长环境，抑制土壤中西甜瓜土传病原菌群体的数量，最终起到病害防治的效果。如定植一个月之前，每亩用生物菌肥MF3 500g与稻草拌匀后翻耕入土中，可有效防治枯萎病。

（2）采用嫁接栽培

甜瓜嫁接用砧木主要有南瓜砧和甜瓜本砧，要求砧木品种必须具备亲和性好、抗病性强、对产量和品质无影响等特性。南瓜砧是目前甜瓜嫁接的主要类型，抗性强，生长势强，对甜瓜果实品质影响较小，嫁接难度小；甜瓜本砧属野生甜瓜，与甜瓜亲和力强，不影响甜瓜口感和果实风味，适应性广，嫁接难度大。目前用于甜瓜嫁接的砧木品种主要有“思壮12”（南瓜砧）、“全能铁甲”（南瓜砧）、“圣砧1号”（南瓜砧）、“甬砧9号”（甜瓜本砧）、“世纪星”（甜瓜本砧）等。砧木和接穗播种期的确定主要取决于砧木种类和嫁接方法。甜瓜嫁接主要有插接、靠接等方法。嫁接的方法不同，要求的苗龄不同，播种期也不一样。

（3）主要病害综合防控

1）白粉病防控

前茬甜瓜收获后及时清除田间病株残体，做好棚内消毒杀菌，减少白粉病侵染源；采用基质穴盘育苗，培育壮苗，提高植株抗病能力；施足有机肥，增施磷钾肥，防止植株徒长和早衰；合理密植，宽行种植，增加田间通风透光性，及时整枝打杈，保证植株通风透光良好；保持棚内合适的温湿度，全地膜覆盖，膜下滴灌，及时揭棚通风排湿；及时关注病情发生，早防严防；可用露娜森（42.8%氟菌·肟菌酯悬浮剂）15~25mL兑水30~60L进行喷雾防治，连续使用2次以上，间隔7~10d；或君斗士（30%氟菌唑可湿性粉剂）15~20g兑水与乐谱道（400g/L克菌·戊唑醇悬浮剂）30~45g兑水45L进行复配防治，连续使用2次以上，间隔7~10d；最好是两种药剂交替使用，防止产生抗药性。应用该项综合防治技术对厚皮甜瓜白粉病的防治效果可达92%以上。

2）蔓枯病防控

可用55℃温水浸种20min，或用50%福美双可湿性粉剂，或50%多菌灵可湿性粉剂，以种子重量的0.3%拌种。实行2~3年非瓜类作物轮作，并作高畦地膜栽培；要加强通风透光，严格掌握晴天整枝，避免伤口侵染，减少滴水，降低棚室内湿度，畦面应保持半干状态；雨季加强防涝，降低土壤水分；发病后适当控制浇水；发病初期及时用药，药剂可选用70%安泰生（丙森锌）可湿性粉剂500倍液，或70%品润（代森联）干悬浮剂500倍液，或68.75%易保（噁唑菌酮·锰锌）水分散粒剂1 500倍液等，喷雾防治，每隔5~7d用药一次，连续防治2~3次；重点喷在瓜苗中下部茎叶和地面；也可用以上农药粉调成糊状，直接涂抹在病蔓处及根茎部；采收前4d停止用药。

3）枯萎病防控

与水稻等非瓜类作物进行轮作，水旱轮作最佳，生地与熟地分开灌水，禁止大水连片漫灌，防止枯萎病菌蔓延；选育基质育苗，避免采用种过甜瓜的园土进行育苗；定植一个月之前，每亩用生物菌肥MF3 500g与稻草拌匀后翻耕入土中；移栽前每亩用4kg抗重茬剂与复合肥一起施入畦面，全地膜覆盖，开25cm深沟高畦，降低地下水位和土壤水分，防止枯萎病通过土壤传播，还可防止土壤水分过多渍根而遭病菌侵入；生长期用生物菌肥MF3 200倍液灌根，每株灌根400mL，每隔10d施药1次；采用嫁接栽培，选择耐湿、抗病与厚皮甜瓜亲和力强的砧木品种嫁接甜瓜；禁止大水连片漫灌，防止枯萎病菌蔓延。应用该项综合防治技术对厚皮甜瓜枯萎病的防治效果可达99%。

4）黄化褪绿病毒病防控

采用思壮8号等根系发达的砧木进行嫁接；定植前使用吡虫啉缓释剂（长制），每个定植穴放1片；生长期结合施药全程施用绿华海藻液、青牛等叶面肥，以提高植株长势；物理防治与化学防治相结合严防烟粉虱，除去大棚周围的杂草，铲除烟粉虱等媒介昆虫的传播源；大棚四周裙膜加盖防虫网（40目以上）；田间悬挂黄板（每亩悬挂20块），定植前用噻虫嗪或吡虫啉2 000~3 000倍液+溴氰虫酰胺1 000倍液，30~50mL/株灌根防治，田间虫害发生时用1.8%阿维菌素2 000倍液+溴氰虫酰胺（或吡丙醚）800~1 000倍液喷药防治；采收结束后对大棚进行整体密封消毒杀虫处理。应用该项综合防治技术对厚皮甜瓜黄化褪绿病毒病的防治效果可以达到95%以上。

5）烟粉虱防控

育苗前清除杂草和残留株，彻底熏蒸杀死残留虫源，培育“无虫无病苗”；避免与黄瓜、番茄、豆类混栽或换茬，与芹菜、茼蒿、菠菜、油菜、蒜苗等白粉虱不喜食而又耐低温的蔬菜进行换茬，以减轻发生；田间作业时，结合整枝，摘除植株下部枯黄老叶，以减少虫源；苗床上或温室大棚放风口设置避虫网，防止外来虫源迁入；在烟粉虱成虫盛发前期，在田间悬挂黄板，使其与植株同样高度或略高，可有效诱杀成虫；烟粉虱世代重叠严重，繁殖速度快，须在烟粉虱发生早期施药，每隔5d用药一次，连续防治3~4次；用10%噻嗪酮乳油1 000倍液喷施，对粉虱有特效；或用25%杀螨特乳油1 000倍液喷施，对粉虱成虫、卵和若虫有效；联苯菊酯25%乳油3 000倍液可杀成虫、若虫、假蛹；20%氯氟氰菊酯乳油5 000倍液喷施；20%氰菊酯乳油2 000倍液连续施用，有较好的效果；因烟粉虱极易产生抗药性，防治药剂必须交替使用，避免产生抗药性。

(4) 合理轮作栽培

连坐地块采取早春厚皮甜瓜—单季稻—年二茬栽培模式，其中厚皮甜瓜越冬栽培于11月中旬播种，12月中旬定植，3月中旬至6月分批采收，一般采收2~3批。单季稻栽培于6月下旬至7月上旬插秧，11月中下旬收割。

【水肥一体化技术】根据甜瓜长势、需水、需肥规律，天气情况、温度，实时土壤水分、肥力状况，以及甜瓜不同生育阶段、不同生长季节的需水和需肥特点，按照平衡施肥的原则，调节滴灌、追肥水量和次数，使甜瓜不同生育阶段获得最佳需水、需肥量。整地覆膜前浇透底水，一般每亩滴灌量应在20~22m^3；苗期在定植后浇一次透水，一般每亩滴灌量应在2~3m^3，肥料以氮肥为主，适当配施磷、钾肥，使土壤充分湿润，促进新根发生，提高成活率；伸蔓期滴灌1次，用水量为3~4m^3/亩，在施足基肥的条件下，此期可不追肥；坐果期在果实鸡蛋大小以后，滴灌1次，用水量为7~8m^3/亩，结合滴水，每亩随水冲施高钾型可溶性水溶肥8kg。果实膨大中期，滴灌1次，用水量为3~4m^3/亩，结合滴水，随水冲施高钾型可溶性水溶肥6kg/亩。采收前15d，为防止裂瓜、烂瓜及提高甜瓜甜度，停止灌水。

甜瓜水肥一体化技术推荐水肥管理方案　　单位：kg/亩

种类	土壤肥力水平	肥料名称	低	中	高
基肥	有机肥（二选一）	农家肥	3 000~3 500	2 500~3 000	2 000~2 500
		商品有机肥	450~500	400~450	350~400
	氮	尿素	16~18	13~15	10~12
	磷	过磷酸钙	38~40	35~37	32~34
	钾	硫酸钾	21~23	18~20	15~17

种类	施肥期	低		中		高	
		尿素	硫酸钾	尿素	硫酸钾	尿素	硫酸钾
追肥	伸蔓期	5~6	5~6	4~5	4~5	3~4	3~4
	膨瓜初期	4~5	10~11	3~4	8~9	2~3	6~7
	膨瓜中期	4~5	10~11	3~4	8~9	2~3	6~7

注：使用其他肥料按照肥料氮磷钾养分含量换算。

6　南方设施哈密瓜绿色植保和栽培技术集成模式

【模式背景】江西省赣南地区是中国著名的脐橙产地，近年由于柑橘黄龙病大暴发，基于统防统治的要求，对柑橘病圃进行统一清园，造成大量的柑橘种植者土地闲置，在政府推动产业替代，推动新兴农业生产。在此背景下从当地产业基础条件出发，集成种子健康监测和种传病毒综合防控技术，传毒媒介预防技术以及增强植株抗性措施成一套南方设施哈密瓜绿色植保综合防控技术。选取满足市场需求又对南方早春湿度大，光照弱有一定耐受度的品种安排在春茬种植，设计一套春茬哈密瓜-秋茬哈密瓜-冬茬辣椒的种植模式。

【模式效果】从 2017 年开始进行南方设施哈密瓜绿色栽培技术集成与示范，2018 年、2019 年和 2020 年分别示范推广 200 亩、300 亩和 500 亩，经过 3 年示范推广。利用赣南地区生产哈密瓜除满足本地市场需求外，还可以利用离广东较近的地理优势辐射到广州等地区的，节约运输成本，减少运输储存时间。尤其是秋季茬口，利用新疆哈密瓜已经基本结束，海南省哈密瓜生产还未规模生产之间的市场空档期，具备一定市场优势。秋茬地膜和滴灌重复利用种植辣椒，减少成本约 600 元。核心示范区，春茬亩产值 8 000~12 000 元，秋茬亩产值 12 000~15 000 元，冬茬辣椒亩产值 9 000 元，平均亩产值 29 000~36 000 元。

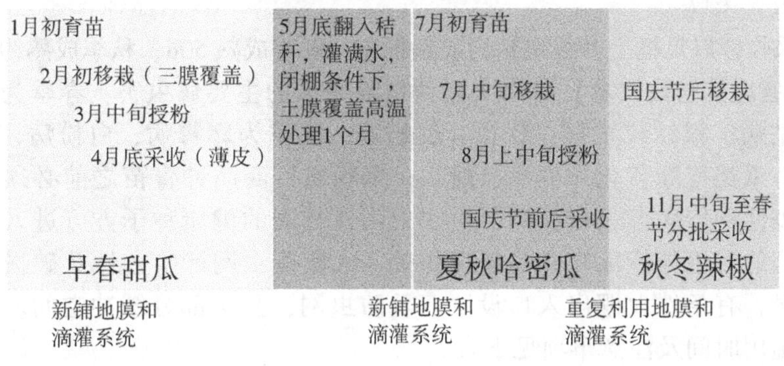

【栽培技术】

（1）整地施肥

哈密瓜栽培要深耕细耙、施足底肥。每亩施用腐熟干鸡粪 1 000~1 500kg 或羊粪 3 000~6 000kg；复合肥 50kg，多菌灵 2kg，翻地撒入。起垄，垄底宽 60cm，行距 0.9~1m，高 15cm。膜下滴灌栽培。

（2）品种选择

西州密二十五号、红冠和金香玉等哈密瓜。

（3）育苗管理

1）营养土的配制

田土 5 份、2 份清洗过的细砂及 3 份腐熟畜粪一份，每平方米掺入 0.5kg 尿素、1~2kg 磷钾肥及 100g 多菌灵；混合后过筛装入育苗盘。或者采用育苗基质。

2）种子处理和播种

常用 55~60℃温水浸种（即三开一凉），必要时采用 1 000 倍加瑞农药液浸泡种子

5~6h，洗净，30℃温箱催芽18~20h。

3）育苗后管理

播种后白天温度控制在28~30℃，夜间20~25℃，8~10d出苗，大面积出苗后及时降温，白天保持20~25℃，夜间15~18℃，以防止徒长，此期间少浇水。

（4）适时播种、定植及定植后管理

1）适时定植和播种

10cm地温稳定在14~15℃以上，日最低气温不低于13℃时定植，在2月下旬至3月下旬，甜瓜苗采用单行吊蔓种植，株距0.35~0.4m，定植距滴灌带10cm。每亩1 200~1 400株。

2）定植和出苗后管理

定植后成活哈密闭温室保温保湿，在高温高湿条件下缓苗，以后白天温度控制在25~35℃，夜间不低于15℃。肥水管理，缓苗后浇缓苗水，开花前少浇水，坐果后浇膨瓜水，喷施以P、K为主的叶肥两次，并适时通风。

3）整枝与授粉

采用吊蔓栽培，单蔓整枝。坐果节位在10~12节为宜，采用人工或蜜蜂授粉。留2~3果，鸡蛋大小时，选留一个充分发育的幼果。

（5）及时采收

及时采收，以瓜柄上叶缘焦枯为成熟标志。春季成熟50d，秋季成熟约45d。

【病虫害减药防治技术】 赣南大棚种植哈密瓜的主要病虫害：春季为霜霉病、白粉病、蔓枯病、根结线虫病、蚜虫、红蜘蛛；秋季为霜霉病、白粉病、蔓枯病、根结线虫病、瓜类褪绿黄化病毒病、蚜虫、烟粉虱。商品种育苗之前必须通过血清学对2种检疫性种传病害进行检测，检测为阴性健康的健康种子方可进入育苗生产阶段。病毒病的发生与传毒媒介哈密切相关，大棚防虫网严哈密性及破损及时修复也是非常关键，有条件大棚出入口设置双重防虫网，并留部分缓冲空间。病害防治药剂选择、施用时间及注意事项见下表。

病害防治药剂选择、施用时间及注意事项

病害名称	农药选择	施用时间	注意事项
霜霉病	52.5%抑块净（恶唑菌酮·霜脲）水分散剂1 500倍液，60%氟吗·锰锌可湿性粉剂700倍液，25%凯润（吡唑醚菌酯）乳油2 000倍液	初现该病或之前	大棚需要注意放风排湿
	64%杀毒矾（恶唑烷酮·锰锌）可湿性粉剂500~700倍液，80%乙磷·锰锌500倍液，58%雷多米尔（甲霜灵·锰锌）500倍液，72.2%普力克（霜霉威）水剂600倍液和72%安克·锰锌600倍液		
	克露（霜脲氰），普力克（霜霉威）		

（续表）

病害名称	农药选择	施用时间	注意事项
白粉病	25%乙嘧酚悬浮剂 1 500 倍液喷雾，10g 加水 15kg，可在全生育期使用，间隔期 10～15d。在病害严重发生时可选用 750 倍液喷雾，7d 喷药一次 25%嘧菌酯（阿米西达）悬浮剂 3 000 倍液喷雾，每 10mL 加水 30kg，间隔 7d 喷药一次 50%醚菌酯（翠贝）干悬浮剂 3 000 倍液喷雾，5g 加水 15kg，间隔期 7d 80%硫黄（成标）水分散粉剂 400 倍液喷雾，150g 加水 60kg，该药易造成叶片老化，严格按规定浓度配比，在甜瓜生长中后期和其他药剂交替使用，间隔期 7d	初现该病或之前	一定早防治
蔓枯病	代森锌、甲基硫菌灵、百菌清	涂药，当初现该病；或之前喷雾保护	注意根冠部保持干燥
根结线虫病	福气多，每亩 3kg，起垄前撒施，或氰胺化钙，按亩用 50～100kg 的量在土表撒施、翻地、起垄、覆膜；苗期可用露富达 20 000 倍液灌根	起垄前，苗期灌根	最好与玉米、水稻、甘薯、大豆轮作
枯萎病	申嗪霉素	当初现该病或之前灌根	最好与玉米、水稻、甘薯、大豆轮作；或嫁接
蚜虫	可立施（50%氟啶虫胺腈水分散粒剂）；3%啶虫脒乳油 1 500 倍液、10%吡虫啉可湿性粉剂 2 000 倍液或 25%噻虫嗪水分散粒剂 5 000 倍液	喷施或苗期灌根	也可以使用防虫网；黄板
红蜘蛛	10%浏阳霉素乳油 1 000 倍液，1. 8%阿维菌素乳油2 500~3 000倍液	6—7 月	一般温度高、空气干燥发生严重
烟粉虱	灌根：幼苗定植前 25% 噻虫嗪水分散粒剂 4 000~5 000 倍液 其余时间可以喷雾：1. 8%阿维菌素乳油 2 000~2 500 倍液，10%烯啶虫胺水剂 1 000~2 000 倍液；可立施（50%氟啶虫胺腈水分散粒剂）	灌根：幼苗定植前	也可以挂黄板
斑潜蝇	10%灭蝇胺悬浮剂 800 倍液或 40%灭蝇胺可湿性粉剂 3 000 倍液		

【水肥管理技术】哈密瓜属于喜干旱，不耐湿作物，使用滴灌时，头水要浇足底水，深度达到 60cm 左右较宜。苗出齐后浇定根水，至雄花出现浇二次水，膨大期浇足水，增施 P、K 肥。上网时少浇水，保持水分均匀，转色期要追肥，增加植株养分。近成熟时不浇水。春季生产中整个生长季严格控制棚内湿度，秋季高光照和高蒸发量时期要提前补水，补水时间最好选在傍晚后。

7 安徽大棚西瓜化肥农药减施增效综合技术模式

【模式背景】本技术模式是针对安徽省大中棚西瓜栽培中化肥农药盲目过量施用、连作障害严重等问题，集成种子处理、嫁接、生物有机肥、专用配方肥料、芽孢杆菌浸根定植、植株调整、滴灌、防虫网、黄蓝板、静电喷雾器和高效农药防控等技术及产品，形成适宜安徽省的大棚西瓜绿色高效栽培综合技术模式，西瓜产量2 500kg/亩以上，糖分12%以上，化肥减量28%以上、农药减量37%以上、增产7%以上。

【健康嫁接育苗技术】育苗前阳光晒种4～6h，用55℃温水浸种15min后放入200倍“杀菌剂1号”（中国农业科学院植物保护研究所研制）药液中浸泡1h，然后用清水冲洗干净，采用西甜瓜专用育苗基质（安徽省农业科学院园艺研究所研制）育苗，嫁接方法采用贴接或断根贴接，嫁接成活后喷施“壮苗调控剂”（安徽省农业科学院园艺研究所研制）2次，间隔期7～10d。

【病虫害减药防治技术】利用大棚空茬期进行高温闷棚，闷棚前施石灰氮（氰氨化钙）50～80kg/亩进行土壤消毒；西瓜苗定植时用多粘类芽孢杆菌TC35（5亿/g）100倍浸根后定植进行土壤修复；棚室悬挂黄蓝板诱虫，利用静电喷雾器等高效喷雾器械，选用40%百可得、20%噻唑锌、苯甲·嘧菌酯、氟菌·肟菌酯、阿泰灵、噻虫嗪、螺虫乙酯等高效低毒药剂进行防控病虫害。

【水肥管理技术】根据土壤基础养分，结合西瓜生育期需肥规律，基施菇渣生物菌有机肥（安徽省农业科学院园艺研究所研制）300kg/亩、专用配方肥料25～30kg/亩（氮磷钾配比16-8-20）；坐稳瓜后和膨果中期，分别追配方肥料8～10kg/亩（氮磷钾配比16-6-30+TE）；采用滴灌追肥和灌水。

8　广西设施甜瓜化肥农药减施增效栽培技术模式

【模式背景和效果】广西地区种植的设施甜瓜主要是厚皮甜瓜。该地区种植厚皮甜瓜始于20世纪90年代初，开始采用全露地栽培，因病害发生严重、产量低、品质差而无法正常收获。后来采用设施避雨栽培技术才获得成功，随后设施甜瓜产业在广西地区不断发展扩大。设施甜瓜经济效益高，已经成为当地农民脱贫致富的重要途径。然而，传统的栽培管理模式在施肥、病虫害防治、授粉等环节中存在化肥农药盲目过量使用、生产人工多和成本投入过高等问题。为了解决上述问题，广西农业科学院园艺研究所开展了多年试验，总结出一套集品种选择、种子消毒、土壤处理、长效缓释专用肥、水肥一体化、蜜蜂授粉、农业防治、生物防治、物理防治、精准用药、高效药械等关键技术于一体的“广西设施甜瓜化肥农药减施增效栽培技术模式”，并已在广西南宁市、北海市等主要产区示范推广10.14万亩。该栽培技术模式与传统栽培模式相比，化肥用量减少35%以上，农药用量减少38%以上，中心可溶性固形物含量提高10.3%，亩产量增加9.8%，每亩地节本增收约2 500元。可见，综合技术模式的应用具有较好的减肥、减药、提质、增产及节本增收的效果，利于生态环保，为设施甜瓜产业的绿色可持续发展提供技术保障。

【栽培技术】

（1）品种选择

推广种植生长势和综合抗（耐）病性较强的甜瓜品种，如北甜5号、北甜3号等。

（2）种子消毒、浸种、催芽

用杀菌剂1号200倍液浸泡种子60min，浸种期间需搅拌2~3次，保证所有种子均匀着药，然后用流水冲洗30min，冲洗过程中不断搅拌种子，再进行浸种3~4h后催芽。或直接用47%春雷·王铜可湿性粉剂1 000倍液或2%春雷霉素水剂400倍液浸种4~5h后，清水冲洗干净后再催芽。种子在保湿条件下，置于32~34℃下催芽24h左右，种子露白即可播种。

（3）播种

将育苗基质装入育苗盘中，浇水使基质湿润。将种子播于育苗盘中，每个育苗穴播1粒种子，根芽朝下，播种深度为1cm，播种后浇定根水。

（4）苗床管理

低温阴天不宜过多浇水，高温天气每天浇水一次，维持苗床基质持水量70%~90%，保持苗床湿润。注意观察苗期是否有猝倒病、立枯病、细菌性果斑病等苗期病害和虫害的发生，并及时清除病株和对症选择药剂进行防治。定植前5~7d，打开大棚两头通风，控制浇水次数，不干不浇水。

（5）定植前准备工作

1）土壤处理

定植前20~25d，平整土地后，每亩地用60kg氰氨化钙均匀撒施在土壤表面，迅速进行旋耕，将其翻入20~30cm的土层深度，随后起畦，在每畦中间摆放滴管或微喷管，覆膜，滴水至土壤充分湿润，15~20d后，按种植株行距进行双行打孔，通风3~5d后再进行瓜苗定植。经氰氨化钙处理的土壤可1年后再进行处理，每次处理过的土壤建议在定植后淋施复合微生物菌剂进行土壤修复。

2）长效缓释专用肥的施用

长效缓释专用肥需要合理搭配腐熟农家肥使用，一般结合土地平整时（需要做土壤消毒处理时，可先撒肥料再撒氰氨化钙），按每亩地长效缓释专用肥80~100kg+腐熟农家肥1 000~1 500kg作基肥一次性施用。

(6) 定植

瓜苗长至2叶1心期时可以定植，定植前用30%噻虫嗪悬浮剂1 500倍液+30%甲双·噁霉灵水剂1 200倍液喷淋苗盘，带药移栽。采用双行种植，将瓜苗定植于畦面薄膜打孔处，株距0.5~0.6m，行距1m，行沟宽1m，每亩种植1 100~1 200株，定植后浇足定根水。

(7) 大棚管理

1）水分管理

定植后保持种植穴土壤湿润，不宜过干或过涝。气温低时控制滴水，视情况每3~10d滴水一次；高温干旱时及时滴水，视情况每1~5d滴水一次；果实成熟期5~7d滴水一次。

2）引蔓

植株主蔓长至30~40cm时，引蔓上架，直至瓜蔓爬过大棚支架的上端。

3）整枝

每株只留一条主蔓，第11~16节的子蔓作为结果枝，其余的侧芽及时抹除。主蔓长至第21~23节时摘心封顶，坐果后顶端留3~4条侧芽放任生长。

4）蜜蜂授粉

预留坐果枝：一般在第11节位开始，可连续留3~4条子蔓作结果枝，早熟品种坐果节位可适当低一些，中晚熟品种坐果节位可高一些。

蜜蜂品种的选择：在广西地区，中华蜜蜂是首选的蜜蜂品种，其次是意大利蜜蜂。授粉蜂群可以通过租赁或购买获得。

授粉蜂群的配置与管理：面积大的联栋大棚，按照一个标准授粉蜂群（3脾/群，一个蜂王）每次授粉管理1 000~1 600m^2配置授粉蜂群；单栋和二联栋等面积小的大棚，按180~420m^2配置一个1脾/群（一个蜂王）的授粉小蜂群。一般提前2~3d于傍晚时间将蜂箱放入大棚。蜂箱一般均匀分布摆放于大棚过道，远离热源，并用支架或砖头垫高20~30cm。巢门朝南朝北均可，保证巢门前空间开阔，以便蜜蜂出入。同时，饲喂糖水比为2∶1并浸泡有甜瓜雄花的糖浆诱导剂，以诱导蜜蜂访花，提高授粉积极性。放蜂第二天天亮前打开巢门，让蜜蜂试飞、排泄，适应环境。授粉期间棚内温度较高，需在蜂箱上方加盖遮阳物。蜜蜂在棚内约7d可完成授粉工作，授粉结束后，傍晚蜜蜂回巢时关闭巢门，将蜂箱移到棚外。

蜜蜂授粉期间大棚管理：大棚网膜连接处要压紧，不留夹缝，防止大棚内蜜蜂飞出大棚丢失或卡在缝隙中死亡。放入授粉蜂群前，加强田间管理，尽可能保证植株生长整齐度和花期的一致性。蜜蜂授粉时，中午前后大棚内温度较高，可以通过洒水和加盖遮阴网等措施降低棚内温度，以维持蜜蜂的正常活动。在大棚放蜂前7d和授粉期间（共约14d），不施用对蜜蜂有害的化学农药。同时，授粉期间周边作物尽量不施用气味较浓的农药。如果使用鱼粉、猪、鸡、牛粪等农家肥时，要提前堆沤并充分腐熟，尽量避免在放蜂授粉期间发出臭味。

5）留瓜

授粉后4~7d，当果实直径长至3~5cm时，选择果型端正、枝蔓健壮、无病虫害的果实留下，一株一蔓留一果，其余幼果摘除。

6）吊瓜

果实长至250g时，用塑料绳穿过果柄与枝蔓交界处将瓜吊起，使结果枝蔓升起至大约水平位置。

7）追肥

一般情况下不需追肥，如果碰到气候异常或其他原因使瓜不能正常膨大生长，可通过水肥一体化技术施用高钾水溶肥1~2次，施用量和浓度参照使用说明书。在果实膨大期至果实成熟期，通过滴管施入花生麸浸提液1~2次，以提高果实糖度和口感。

【病虫害防治技术】

（1）主要病虫害种类

设施甜瓜主要病虫害种类有：白粉病、霜霉病、蔓枯病、斑点病（叶斑病）、疫病、猝倒病、立枯病、枯萎病、细菌性果斑病、退绿黄化病毒病、花叶病毒病、根结线虫病、蚜虫、蓟马、白（烟）粉虱、叶螨、瓜实蝇、斑潜蝇、瓜绢螟、斜纹夜蛾等。

（2）农业防治

1）加强水肥管理

棚内湿度较大时，及时做好大棚的通风排水工作；及时整枝控蔓，避免枝蔓过密；施用的有机肥或农家肥应充分腐熟。

2）做好棚室清洁

将瓜棚附近的杂草清除，减少病虫源的栖身之地；棚内发现枯萎病、病毒病的病株要及时拔除，带出棚外集中掩埋；甜瓜收获后，及时清理棚内植株残体。

（3）生物防治

在整个生长期内，用枯草芽孢杆菌粉剂1 500倍液喷施叶面，或将该微生物菌剂与20%吗胍·乙酸铜可湿性粉剂500倍液混合使用，每隔15~20d喷施1次，促进植株健康生长，提高综合抗病力，有效预防和减少白粉病、霜霉病、疫病、病毒病等病害的发生。

在病虫害发生流行时期，尽量选用微毒或低毒的生物农药，如春雷霉素、多抗霉素、苦参碱、阿维菌素、鱼藤酮、多杀霉素、乙基多杀菌素、苏云金杆菌等。

（4）物理防治

1）悬挂诱虫板

蜜蜂授粉结束后，在棚内每亩地悬挂规格为25cm×30cm黄板和蓝板各3~6片，黄板用于监测和防治蚜虫、烟粉虱和斑潜蝇，蓝板用于监测和防治蓟马。虫口密度大时，根据害虫种类每亩地悬黄板或蓝板20~30片。

2）悬挂实蝇诱捕器

于瓜实蝇成虫发生早期，在棚内每亩悬挂 3~5 个放置有性引诱剂或芳香剂的实蝇诱捕器诱杀瓜实蝇，如果虫口密度大，可适当增加诱捕器数量。

3）安装杀虫灯

有条件的连栋大棚可安装频振式杀虫灯，长期诱杀瓜绢螟、斜纹夜蛾等鳞翅目害虫的成虫。每 10 亩地安装一盏灯，并悬挂在视野开阔的地方。

4）幼瓜套袋

瓜实蝇发生严重的季节，在幼瓜期套袋防止成虫产卵，等瓜长到瓜皮硬的时候可去除套袋。该措施还可预防细菌性果斑病菌侵染幼果。

（5）化学防治

1）精准用药

根据设施甜瓜各种病虫害的发生规律，在适宜病虫害发生流行的季节，当病虫害发生株率达 5%~10%时，进行药剂防治。根据病虫害发生种类和发生特点不同精准用药。

2）药剂的轮换使用或合理混用

为避免病菌和害虫产生抗药性，药剂需要轮换使用，同一种药剂在一季中不能连续使用超过 3 次。同时防治两种以上病虫害，可以合理混用药剂。但多数药剂不能与碱性农药混用，混合后出现乳剂破坏现象或混合后产生絮结或大量沉淀的农药剂型，都不能相互混用。

3）选用高效药械

在进行叶面喷雾时，选用雾滴细化好并可以提高农药利用率 10%~15%和节省药液量 10%以上的电动风送喷雾器。有条件的大棚可安装节省人工 10 倍以上和节省药液量 40%以上的大棚专用高压自动喷雾机。

设施甜瓜主要病虫害防治药剂

病虫害种类	可选择的药剂种类
猝倒病	50%烯酰吗啉可湿性粉剂 1 500 倍液、68.75%氟菌·霜霉威悬浮剂 600 倍液、68%精甲霜·锰锌水分散粒剂 500 倍液、30%甲双·噁霉灵水剂 1 200 倍液
立枯病	5%井冈霉素水剂 1 000 倍液、3%多抗霉素悬浮剂 800 倍液、70%甲基硫菌灵可湿性粉剂 600~800 倍液、30%甲双·噁霉灵水剂 1 200 倍液
霜霉病	68.75%氟菌·霜霉威悬浮剂 600 倍液、10%氟噻唑吡乙酮可分散油悬浮剂 2 500 倍液、68%精甲霜·锰锌水分散粒剂 500 倍液、72.2%霜霉威水剂 800 倍液
白粉病	42.8%氟菌·肟菌酯悬浮剂 1 500 倍液、29%比萘·嘧菌酯悬浮剂 1 500 倍液、30%醚菌·啶酰菌悬浮剂 1 500 倍液、36%硝苯菌酯乳油 1 500 倍液
蔓枯病	42.8%氟菌·肟菌酯悬浮剂 1 500 倍液、32.5%苯甲·嘧菌酯悬浮剂 1 200 倍液、40%氟硅唑乳油 8 000 倍液、80%乙蒜素乳油 2 000 倍液

（续表）

病虫害种类	可选择的药剂种类
斑点病（叶斑病）	3%多抗霉素悬浮剂800倍液、32.5%苯甲·嘧菌酯悬浮剂1 200倍液、43%戊唑醇悬浮剂5 000倍液、40%氟硅唑乳油8 000倍液
疫病	50%烯酰吗啉可湿性粉剂1 500倍液、72.2%霜霉威水剂800倍液、68%精甲霜·锰锌水分散粒剂500倍液、68.75%氟菌·霜霉威悬浮剂600倍液
枯萎病	70%噁霉灵可湿性粉剂1 500倍液、25%咪鲜胺乳油1 500倍液、50%多菌灵可湿性粉剂600倍液、80%乙蒜素乳油2 000倍液
细菌性果斑病	47%春雷·王铜可湿性粉剂600倍液、2%春雷霉素水剂600倍液、50%氯溴异氰尿酸1 000倍液、80%乙蒜素乳油2 000倍液
退绿黄化病毒病、花叶病毒病	30%噻虫嗪悬浮剂1 500倍液、10%溴氰虫酰胺可分散油悬浮剂1 000倍液等用于杀灭传毒害虫；6%寡糖·链蛋白可湿性粉剂1 000倍液+8%宁南霉素水剂1 000倍液+40%烯·羟·吗啉胍可溶粉剂1 000倍液用于防治病毒病
根结线虫病	50%氰氨化钙土壤消毒剂、41.7%氟吡菌酰胺悬浮剂10 000倍液、1.8%阿维菌素乳油2 000倍液、20%噻唑膦水乳剂1 500倍液
蚜虫、粉虱、蓟马	30%噻虫嗪悬浮剂1 500倍液、10%溴氰虫酰胺可分散油悬浮剂1 500倍液、10%联苯菊酯乳油2 000倍液、10%烯啶虫胺水剂1 500倍液、3%啶虫脒乳油2 000倍液、7.5%鱼藤酮乳油1 500倍液、6%乙基多杀菌素悬浮剂2 000倍液（用于防治蓟马）
叶螨	40%联肼·乙螨唑悬浮剂2 500倍液、22%阿维·螺螨酯悬浮剂5 000倍液、10.5%阿维·哒螨灵乳油1 500倍液、50%溴螨酯乳油2 000倍液
瓜实蝇	2.5%多杀霉素悬浮剂1 000倍液、2.5%溴氰菊酯乳油2 500倍液、30%灭蝇胺可湿性粉剂3 000倍液、7.5%鱼藤酮乳油1 500倍液
斑潜蝇	10%溴氰虫酰胺可分散油悬浮剂1 500倍液、0.5%甲维盐乳油1 000倍液、30%灭蝇胺可湿性粉剂3 000倍液
瓜绢螟、斜纹夜蛾	苏云金杆菌可湿性粉剂600倍液、6%乙基多杀菌素悬浮剂2 000倍液、0.5%甲维盐乳油1 000倍液、0.3%苦参碱水剂800倍液、10%溴氰虫酰胺可分散油悬浮剂1 500倍液、20%氯虫苯甲酰胺悬浮剂5 000倍液

【采收】不同品种特性厚皮甜瓜从授粉至成熟需40~60d，根据结果蔓叶片是否失绿黄化及果实色泽、花纹、网纹、香味等特征判断果实成熟度。在果实八至九成熟时进行采摘，采收时间宜在晴天的清晨或傍晚。采收时用小刀割断瓜蔓，并保留“T”字形果柄，随后对采收的果实进行分级和包装。在整个采收过程中注意避免果皮碰伤。

9 海南设施甜瓜化肥农药减施增效栽培技术模式

【模式背景和效果】海南地区集成了一套以“病虫害监测预警+种子消毒+害虫理化诱控+生物药剂/高效药剂+精准施药+生物菌肥（缓控释肥）部分替代化肥”综合技术模式。针对海南地区大棚西甜瓜病虫害防治手段单一，主要依靠施药方式进行防治，导致部分病虫的抗药性增强，防治效果不断下降，同时温室大棚给病虫创造了良好的生长环境，病害易发，虫害世代增多、数量大幅上升，危害程度也大幅提高。集成以病虫害监测预警、种子消毒、害虫理化诱控、精准施药及生物药剂和高效药剂为一体的病虫害综合防控体系。同时，针对本地区大部分西甜瓜种植区为砂土，养分流失快，养分比例严重失调等现状，在测土配方的基础上，形成了生物有机肥和生物炭基肥（缓控释肥）配合施用技术、水肥一体化及微量元素适时多次少量使用技术。

主要包括以下核心技术。

（1）改进了病虫害监测预警和种子消毒技术

全程对西甜瓜病虫害发生情况进行跟踪调查，对不同地区在不同时期可能会发生的病虫害进行监测预警，播种前采用杀菌剂 1 号、47%春雷·王铜或 72%硫酸链霉素进行种子消毒。

（2）创制了害虫理化诱控技术

采用含有瓜实蝇性诱剂的“稳诱 ”黄板和蓝板间隔悬挂于植株中上部+40cm 处，每亩 35~40 块板，对靶标害虫进行监测和诱杀，安装防虫网阻挡害虫进入，安装各类杀虫灯对害虫进行监测和诱杀。

（3）熟化了生物药剂/高效药剂使用技术

针对海南地区西甜瓜常发顽固性病虫害开展药剂筛选，筛选到对霜霉病、根结线虫、蓟马防控效果较好的生物药剂和高效药剂，明确了这些病虫害的用药适期、药剂使用剂量、使用时间、使用次数、施药方法等。同等条件下优先选用生物药剂进行防治。

（4）精准施药技术

针对不同病虫害有针对性施药，同时采用项目组创制的风送式喷雾器，可有效减少农药施入量，提高农药利用率。

（5）创制了生物菌肥（缓控释肥）部分替代化肥技术

通过有机肥组合的筛选，得到生物炭基肥+海力葆生物有机肥的施肥方案，比常规对照区增产 5. 63%。

【病虫害防治技术】

（1）病虫害监测预警

2018—2020 年持续对海南省西甜瓜主要种植区的病虫害发生情况进行了跟踪调查，包括陵水英州大棚甜瓜、万宁万城大棚西瓜、文昌乌鸡池露天西瓜、海口大致坡露天香瓜、澄迈罗浮露天西瓜、乐东佛罗大棚甜瓜，从育苗期-移栽到结果期-果实膨大期-采收至拔蔓期，不同时期不同栽培方式病虫害发生种类和严重程度均不同，通过调查发现，普遍发生而且为害严重的病害主要是根结线虫，细菌性果斑病和病毒病，普遍发生为害中等的病虫害主要是白粉病、霜霉病、枯萎病、蓟马、粉虱、斑潜蝇，个别地区发生并且较轻的病虫害有角斑病、炭疽病、猝倒病、蔓枯病、疫病、青枯病、瓜蚜、斜纹夜蛾、小造桥虫、菜青虫。苗期病虫害较少，结果期至结果后期病害发生较普遍，调查结果可为基地及周边地区提前预防相关病害提供参考。

（2）种子消毒技术

农作物的许多病害是通过种子传播的（种传病害），而随着市场经济的发展，种子调运频繁，供应渠道日益增多，危险性病虫草害传播的可能性不断增加，为了消灭附着在种子上的病菌，控制种子带菌、杜绝危险性病害传入，进一步减少大田发病、降低病害对生产造成的损失，确保播种安全及农作物增产增收，播种前或催芽前进行种子消毒是防治农作物病害的有效办法之一。

针对细菌性果斑病均采用杀菌剂1号进行种子消毒，使用方法：稀释200倍液，浸泡种子1h，大量清水冲洗4~5次，每次清洗浸泡10min左右（搅拌种子），或流水冲洗30min，冲洗过程不断搅拌种子，进行催芽播种；此外，推荐常用的种子消毒药剂还有47%春雷·王铜（加瑞农）可湿性粉剂500倍液浸种30min，用75%百菌清可湿性粉剂或50%扑海因可湿性粉剂1 000倍液浸种2h，72%硫酸链霉素1 000倍液浸种1h；或用40%甲醛200倍液浸种30min等。一般情况，基地常年发生的哪种病害较多就用防治该病害效果较好的药剂进行消毒处理。

除药剂处理杀菌外，也可以利用温度来破坏病菌细胞内的蛋白质、核酸，从而杀死种子表面和潜伏在种子内部的病菌，促进种子的萌发，但应严格掌握浸种的时间和温度，例如针对黄瓜绿斑驳病毒病可在72℃干热处理72h。在生产中较少用到。

（3）有效药剂的筛选与应用

霜霉病、根结线虫、细菌性角斑病、蓟马、粉虱等是西甜瓜种植过程中常见的病虫害，针对农户在用药过程中靶标不对症，用药效果不好以及某些药剂产生抗药性的问题，针对以上病虫害进行了田间药剂筛选试验并进行了大面积推广应用。

针对霜霉病筛选到687.5g/L银法利悬浮剂（氟菌·霜霉威），50%氟醚菌酰胺水分散粒剂和722g/L霜霉威盐酸盐3种防治效果均在85%以上的药剂，药剂需交替轮换使用。于发病初期开始用药，施药间隔期为7~10d，连续施用2~3次；针对根结线虫，筛选的几种药剂中以10% Nimitz颗粒剂对西瓜根结线虫的防控效果最好，41.7%Fluopyram悬浮剂（0.03g/m^2）的防控效果次之，噻唑磷和阿维菌素的总体防控效果并不理想。10%Nimitz颗粒剂的不同处理剂量对二龄幼虫和根结的防效在不同的调查时间段也有所不同，60d后对二龄幼虫和根结的防治效果仍可以达到80%以上，此外，41.7%Fluopyram悬浮剂+480g/L Nimitz乳油处理的防效在60d后对二龄幼虫和根结的防治效果也可达80%以上，因此在生产上特别推荐该产品来防治根结线虫；防治蓟马时，在所选的7种药剂中，以60g/L乙基多杀菌素悬浮剂3 000倍液处理的防效最好，速效性和持效性也最好，在用药后3~7d防效均在90%以上，40%螺虫乙酯·虫螨腈悬浮剂3 000倍液处理的防效也较好，在速效性、持效性和防效上仅次于乙基多杀菌素，22.4%螺虫乙酯悬浮剂2 800倍液也表现出了较好的防效，速效性和持效性也较好，用药1~10d，防效均在80%以上。

10 四川西甜瓜化学农药减施增效技术模式

【模式背景和效果】四川省西瓜生产面积一直保持在60多万亩的生产规模，分布在全省19个（州、市）和130个县（市、区）。西瓜生产周期短，效益高，消费量大，易规模化生产，进行产业化运作，是农业生产结构调整中理想的经济作物。近年来，随着设施西瓜的种植面积不断增加，传统经验种植模式中存在的化肥农药盲目过量使用、生产投入成本高、土壤环境亟待改善等问题凸显，制约了四川西瓜产业的可持续化发展。为此，四川省农业科学院在国家重点研发项目（2018YFD0201300）的支持下，经过多年的研究，研发了集避雨栽培、水肥一体化、嫁接育苗、异地育苗、蜜蜂授粉、生物防治等绿色病虫害防治技术于一体的适合四川地区西瓜减施增效综合栽培技术模式。该模式在彭州市、德阳市、自贡市等西瓜主产区累计推广10.23万亩，累计辐射推广带动15.43万亩。在示范区，新模式肥料利用率提高14.5%，化肥减量施用32%，化学农药利用率提高15%，农药减量施用35%，西甜瓜平均增产2.5%，亩节本增效450元。经济、社会和生态效益显著。

【栽培技术】

（1）品种选择

选用适合本地消费习惯和生态气候特点，与砧木亲和力强、优质高产、抗病性强、适应性广、商品性好的品种，如早佳8424等。

（2）种子处理

1）种子消毒

用2.5%的咯菌腈悬浮种衣剂拌种，每千克种子用药5mL，或用杀菌剂1号200倍液浸泡种子60min（没过种子为宜）后，流水冲洗30min，或用0.1%的高锰酸钾溶液浸种20min，捞出用清水洗净。置于28~30℃下催芽，种子露白即可播种。

2）浸种催芽

砧木催芽：处理后的种子放入清水中浸泡6~8h，催芽宜用变温处理，白天28~30℃，夜间20~22℃。一般催芽30h后发芽率可达85%以上。

接穗催芽：接穗浸种催芽同砧木，一般催芽20h后发芽率可达90%以上。

（3）播种

根据栽培季节选择适宜的播种期。砧木的播期一般早于接穗，当砧木新叶露出时接穗开始播种。将育苗基质浇水混匀，使含水量为60%~70%后进行装盘。将种子播于育苗盘中，每个育苗穴播1粒种子，根芽朝下，播种深度为1cm，基质覆盖，刮平后浇定根水并覆膜。

（4）嫁接

1）嫁接前苗期管理

根据栽培季节选用不同育苗设施，白天温度保持在25~28℃。夜间温度保持在15~20℃，当70%的苗出土后即可见开地膜。出苗后，白天温度稳定在25℃，夜间温度保持在15~18℃。

2）嫁接适期和嫁接方法

当砧木长到一叶一心，接穗子叶展开时即可嫁接。采用顶插接法嫁接。嫁接时去掉砧木生长点，用竹签紧贴子叶叶柄中脉基部向另一子叶柄基部成45°左右斜插，竹签稍穿透砧木表皮，露出竹签尖，在接穗苗子叶基部0.5cm处平行于子叶斜削一刀，再垂直于子叶将胚轴切成楔形，切面长0.5~0.8cm，拔出竹签，将切好的接穗迅速准确地斜插入砧木切口内，尖端稍穿透砧木表皮，使接穗与砧木吻合，子叶交叉成“十”字形。

3）嫁接后管理

嫁接苗嫁接后1~3d棚内温度白天控制在28~30℃，夜温23~25℃，4~6d白天温度控制在26~28℃，夜间23~25℃。在保持接穗不萎蔫的情况下，尽量见光，7~10d温度可进一步降低，白天温度保持在22~25℃，夜间18~20℃，11d后白天温度保持在20~25℃，晚上15~16℃。嫁接后如遇寒潮或低温连阴雨天气，可进行人工加温补光。嫁接后1~3d，以保湿为主，但接穗生长点应不积水。嫁接后4~5d，应通风透光，通风时间以接穗不萎蔫为宜。当接穗开始萎蔫时，要保湿遮阴，待其恢复后再通风见光，1周后进入正常苗床管理。嫁接苗浇水时应在嫁接苗根部浇水，可在水中加入一些杀菌剂。定植前1周通风、控制水分、降低温度进行炼苗。

（5）定植

1）整地与施基肥

定植前选晴天，将土地翻耕耙匀做畦，栽培畦宽3~3.25m，搭架栽培畦宽1.5~2m，畦长可根据田块长度而定，以30m为宜。结合整地每667m^{2}施优质有机肥500kg或饼肥150kg。但氮：磷：钾=15：15：15的三元复合肥20kg。有机肥50%撒施，肥料深耕入土，与土壤混匀，50%沟施于定植沟，复合肥全部沟施。定植前7d左右铺设好地膜，同时在地膜下摆放滴灌带。

2）定植

幼苗长至二叶一心或三叶一心时定植，定植应在低温寡照以后的晴天中午进行。定植后采用多层覆盖等方式，确保地温达到12℃以上。爬地栽培每畦种1行，中大果型品种的株距60cm，密度300~400株/667m^2。小型果品种株距40cm，密度500~600株/667m^2。定植后浇足定根水。搭架栽培每畦种2行，中大型果品种株距60cm，密度700~800株/667m^2，小型果品种株距40cm，密度1 000~1 200株/667m^2。

（6）田间管理

1）温度管理

定植后铺设地膜，与小拱棚、中棚、大棚形成3~4层覆盖。控温保湿促缓苗。缓苗前温度控制在白天28~32℃。夜间15℃左右，一般不通风；缓苗后适当通风，增加光照；盛花期温度控制在白天28~32℃，夜间20℃左右。坐果后防止温度过高，中午适当延长通风时间，白天控制棚内温度在30℃左右，夜间15~20℃。

2）整枝理蔓

爬地栽培选择三蔓整枝，搭架栽培选择单蔓或双蔓整枝。双蔓和三蔓整枝应在主蔓4~5片真叶时摘心，蔓长50cm左右开始整枝，留强去弱，留2~3个侧蔓。坐果节位前的侧蔓及时打掉，坐果节位后的侧蔓适当选留。

3）坐果

选留第2~3朵雌花坐第一批果，每蔓留瓜1个；在第一批果采收前后留第二批瓜，以后根据管理水平和瓜蔓长势，及时调整坐瓜枝蔓，长季节栽培可坐果3~4批。坐果15~20d时，爬地栽培翻瓜垫瓜。立架栽培及时吊瓜。

4）授粉管理

蜜蜂品种首选中华蜜蜂。按照每10亩地放置1个蜂箱，配置4~5脾蜜蜂。一般在西瓜开花前3~4d将蜂箱均匀分布摆放于大棚过道，远离热源，并用支架或砖头垫高30cm左右。授粉期间温度较高，需在蜂箱上方加盖遮阳网等遮阳物。在放蜂前7d和授粉期间，不施用对蜜蜂有害的化学农药。

5）水肥管理

采摘前7d控制浇水。不同生育时期浇水次数和水量要根据天气、植株状况和土壤墒情的变化灵活掌握。注意防止后期早衰，长季节栽培，注意干旱补水。追肥结合灌水进行，采用膜下滴灌。第一批瓜鸡蛋大小时追肥每667m^{2}施三元复合肥20kg。以后每批瓜鸡蛋大小时均采用膜下滴灌追肥，每667m^{2}施三元复合肥10~15kg。

【病虫害防治技术】

（1）主要病虫害种类

四川地区西瓜主要病虫害种类有：蔓枯病、枯萎病、角斑病、根结线虫、白粉病、病毒病、瓜蚜、粉虱、蓟马、瓜绢螟和甜菜螟等。

（2）农业防治

选用抗（耐）病的优良品种。与非葫芦科作物实行3年以上的轮作，注意清洁田园，收获后深耕炕土，加强田间水肥管理。

（3）生物防治

一般选用微毒或低毒的生物农药，如春雷霉素、阿维菌素、鱼藤酮、苏云金杆菌或利用天敌昆虫进行防治。根据蚜虫的监测结果，在4月中下旬蚜虫发生株低于3株时进行投放，一般瓢虫卵：蚜虫=1：(50~180)，每次释放5~8卡/亩，间隔7d左右，根据虫情补充释放3~5次。阴天或晴天早晚释放，释放前3d及释放后，不能施用杀虫剂。当蚜虫虫口密度>20头/株时，可采用桉油精等生物农药进行防治。

（4）物理防治

采用银灰膜避蚜，可安装频振式杀虫灯诱杀害虫。

（5）化学防治

加强病虫害的预测预报，及时掌握病虫害发生规律和动态，有针对性地适时精准用药，选用高效低毒的农药，严格按照规定的浓度和安全间隔期要求进行。为避免病菌和害虫产生抗药性，药剂需要轮换使用，同一种药剂在一季中不能连续使用超过3次。选用雾滴细化好且可以提高农药利用率的喷雾器进行均匀施药。

设施甜瓜主要病虫害防治药剂

病虫害种类	可选择的药剂种类
猝倒病	58%精甲霜・锰锌水分散粒剂 600 倍液，75%百菌清可湿性粉剂 800 倍液
炭疽病	25%吡唑醚菌酯可湿性粉剂 1 500 倍液，50%炭疽福美可湿性粉剂 300~400 倍液
白粉病	40%苯甲・嘧菌酯悬浮剂 1 200~1 500 倍液，50%多菌灵可湿性粉剂 1 000~1 500 倍液
蔓枯病	32.5%苯甲・嘧菌酯悬浮剂 1 200 倍液，75%百菌清可湿性粉剂 1 000 倍液
枯萎病	70%噁霉灵可湿性粉剂 1 500 倍液，50%多菌灵可湿性粉剂 1 000 倍液
蚜虫	30%噻虫嗪悬浮剂 1 500 倍液，10%吡虫啉可湿性粉剂 1 000 倍液
蓟马	10%溴氰虫酰胺可分散油悬浮剂 1 500 倍液，6%乙基多杀菌素悬浮剂 2 000 倍液
粉虱	10%溴氰虫酰胺可分散油悬浮剂 1 500 倍液，22%螺虫・噻虫啉悬浮剂 2 000 倍液

【采收】 西瓜成熟后分批采收，确保质量。当地销售的采收成熟度九成以上，远途贩运的成熟度在八至九成。采用剪刀剪断果柄基部采收，保留果柄，剔除病果和畸形果。采收过程中的工具应清洁卫生，无污染。